艺术设计（MFA）实践丛书

丛书主编：吕 钊 田宝华

时尚童袜设计

1000款

田宝华 马 瑜 著

中国纺织出版社有限公司

内 容 提 要

童袜款式设计图的绘制是服装从业者非常重要的一项技能，本书根据童袜标准化工业生产流程进行编写，全文共分为三部分：第一部分为婴儿期，包括6~12月、12~18月、18~24月；第二部分为幼儿期，包括2~3岁、3~4岁；第三部分为学龄前期，包括4~5岁、5~6岁。

本书以实践案例为主，方便学习者在短时间内轻松掌握绘图技法，快速绘制出标准的童袜效果图及工艺图。

本书适用于高校相关专业师生及从事设计爱好者使用。

图书在版编目（CIP）数据

时尚童袜设计1000款／田宝华，马瑜著. -- 北京：中国纺织出版社有限公司，2022.1

（艺术设计（MFA）实践丛书／吕钊，田宝华主编）

ISBN 978-7-5180-8913-0

Ⅰ．①时… Ⅱ．①田… ②马… Ⅲ．①袜子－服装工艺 Ⅳ．① TS186.3

中国版本图书馆 CIP 数据核字（2021）第 195955 号

责任编辑：华长印　　责任校对：寇晨晨　　责任印制：王艳丽

中国纺织出版社有限公司出版发行

地址：北京市朝阳区百子湾东里 A407 号楼　邮政编码：100124

销售电话：010—67004422　传真：010—87155801

http://www.c-textilep.com

中国纺织出版社天猫旗舰店

官方微博 http://weibo.com/2119887771

北京华联印刷有限公司印刷　各地新华书店经销

2022 年 1 月第 1 版第 1 次印刷

开本：710×1000　1/16　印张：12.5

字数：133 千字　定价：98.00 元

前 言

　　袜子设计日益引起人们的重视，其产品结构日趋完善，产品种类日益丰富。童袜设计作为袜子设计重要组成部分，得到了迅速发展。

　　袜子对于不断成长的儿童来说，起着舒适性、保护性、益智性等多方面作用。童袜常用的针数有96针、108针、120针等，用不同的针数来适应袜子不同部位的宽度及受力需要，并且有一定的适应松紧度，来适应宝宝足部的微差距以及运动起伏。本书利用专业制图软件绘制了1000余款时尚且实用的童袜款式设计图，其中分为童袜效果图和童袜工艺图，童袜款式设计图分为三章：第一章婴儿期，包括6~12月、12~18月、18~24月；第二章为幼儿期，包括2~3岁、3~4岁；第三章为学龄前期，包括4~5岁、5~6岁。本书出版的目的是便于袜子设计学习者借鉴和规范绘图，给袜子企业提供设计思路，并加强袜子款式设计的表现力，提高袜子设计的水平，掌握更深层次的袜子表现要领。

　　本书的出版特别感谢杭州潘达婴童用品有限公司金炳棋董事长、刘佳薇总经理给予的技术支持，以及韩冠南、阮熙科、张哲滔、田夏宁、穆雨萱、王雪瑞、田元为本书提供的帮助。

著者

2021年7月

目 录

婴儿期

6~12月

针数：108针

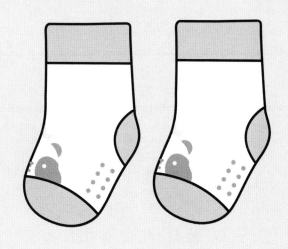

　　这个阶段的宝宝开始爬行。袜子对于这个时期的宝宝最重要的功能就是保暖，以及保护双脚皮肤和清洁。在童袜设计时采用了108针的袜口，较为宽松的袜口可以避免勒肉的情况出现。同时，这个阶段的童袜设计还应满足：颜色浅，采用环保印染；线头少，采用无骨缝合技术缝制袜头；面料采用安全的精梳棉；袜底设计点胶图案防滑；加固袜头，更适合爬行期的宝宝。工艺上简单而精细，避免袜子缠绕宝宝脚部。

童袜效果图

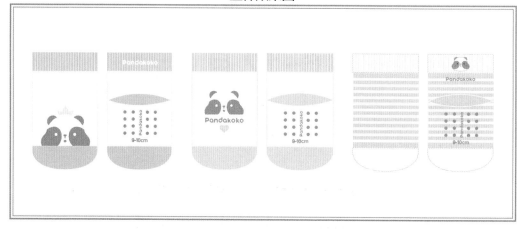

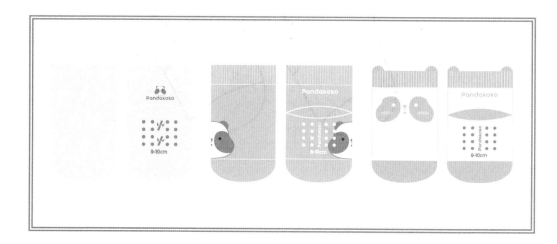

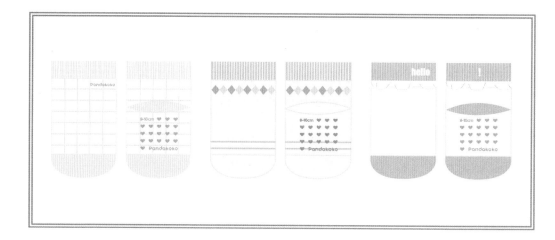

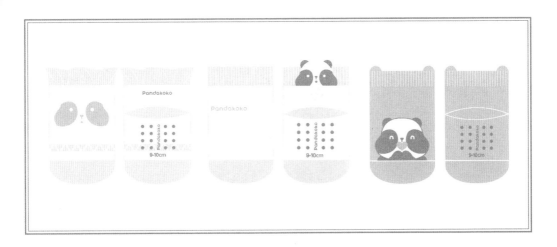

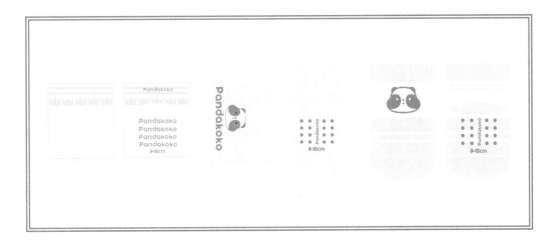

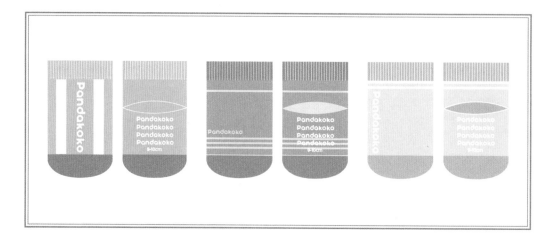

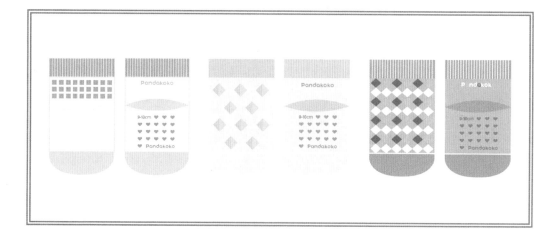

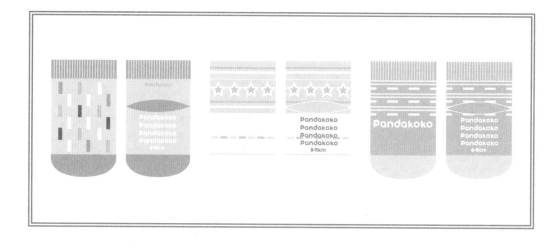

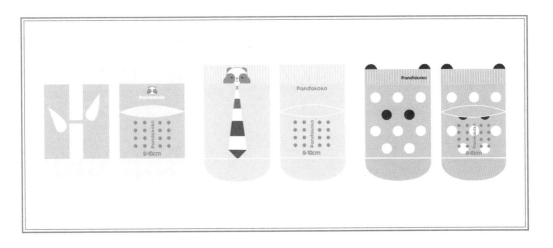

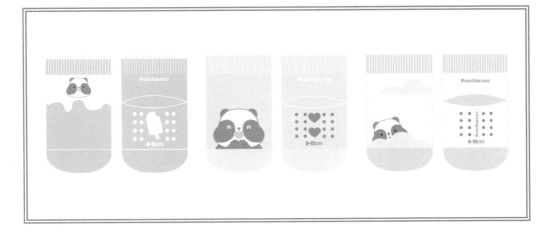

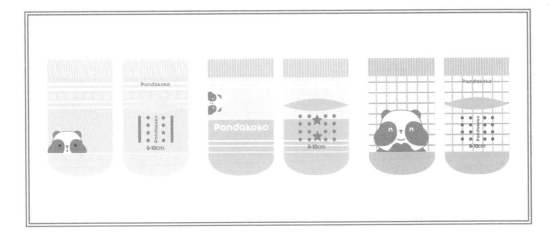

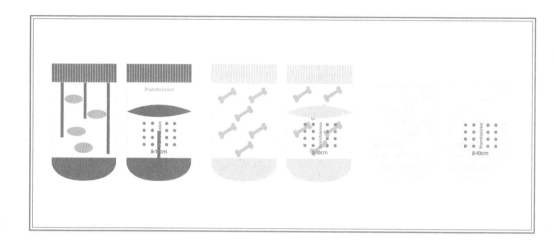

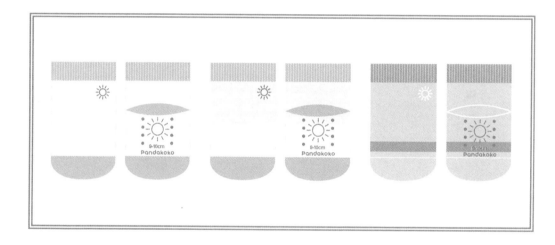

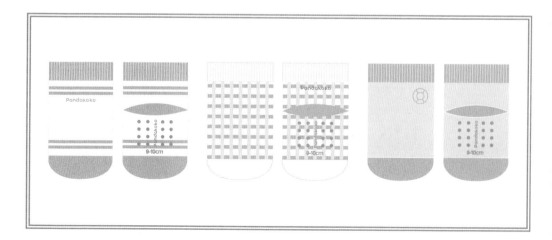

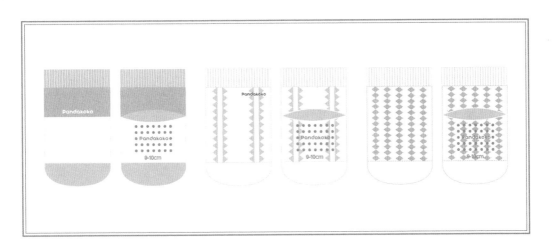

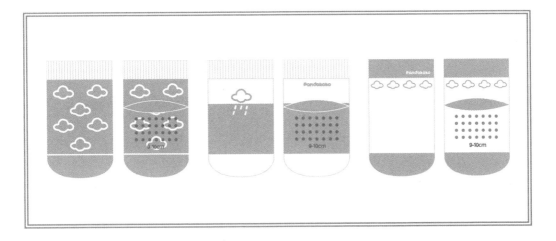

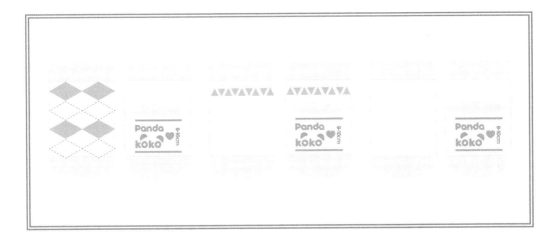

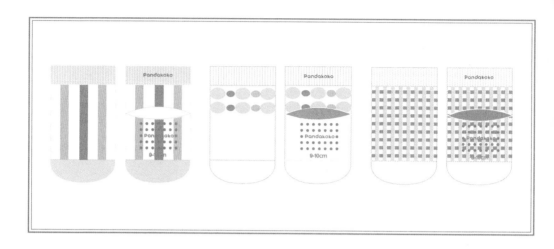

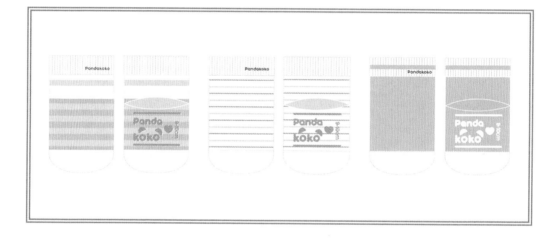

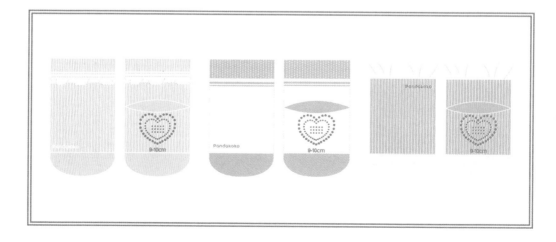

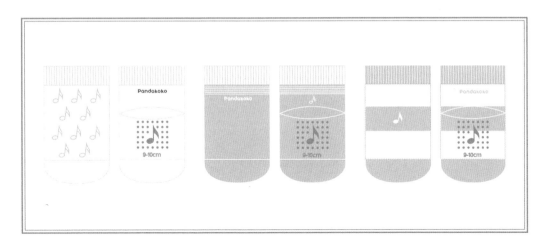

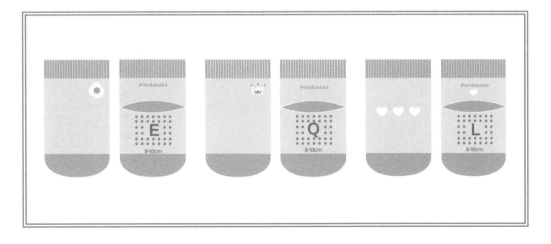

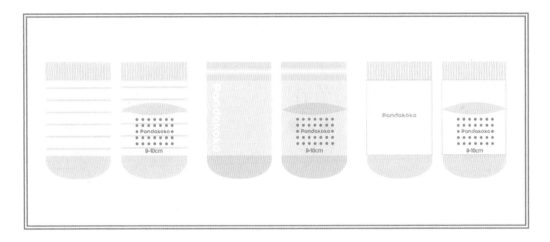

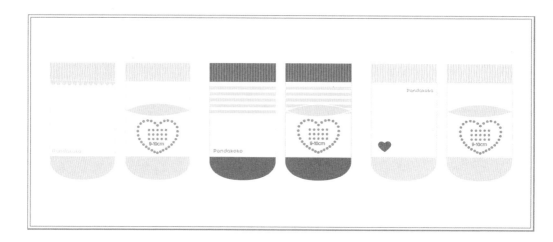

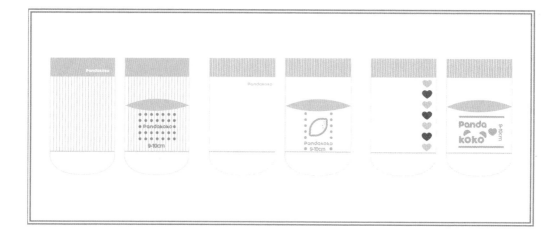

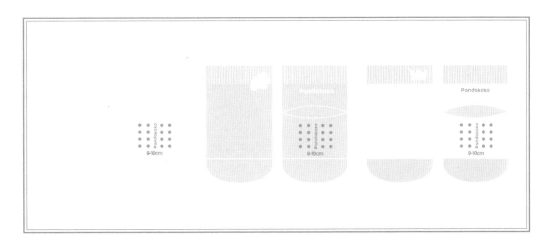

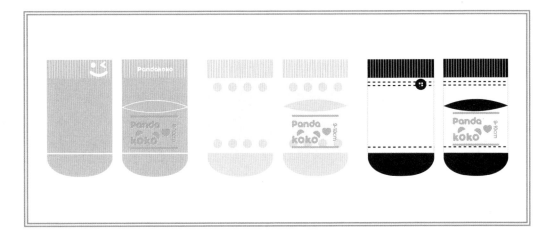

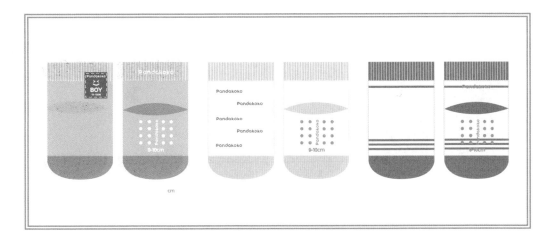

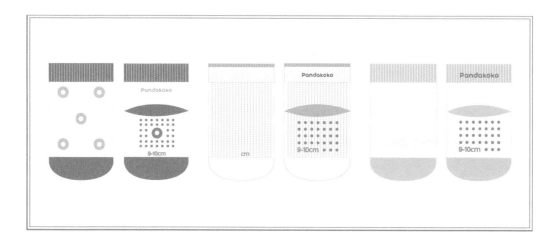

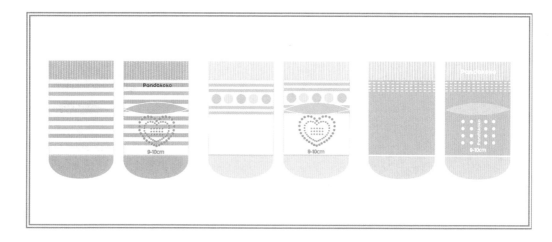

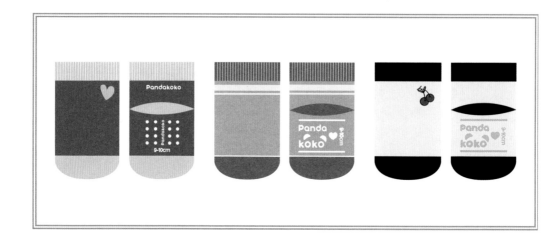

童袜工艺图

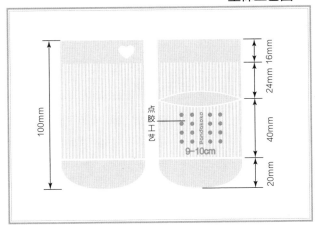

袜子配色色号

#F2E8EF

#FFFFFF

袜子制板图

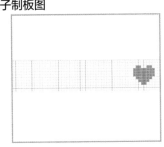

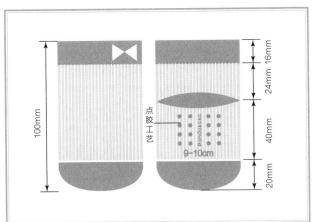

袜子配色色号

#C7ADCC #FFFBEE

#EBE3F1

袜子制板图

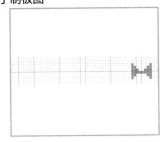

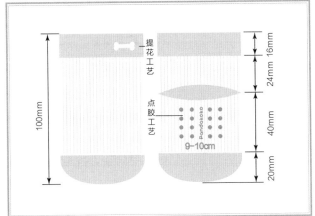

袜子配色色号

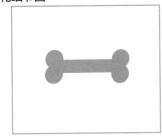

#E9E3DE #FFFFFF

#FFFFF8

提花细节图

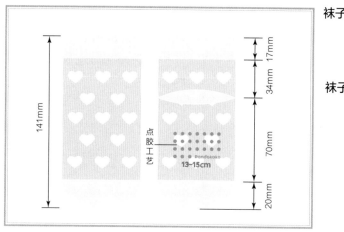

袜子配色色号

#E7F4F8　　#FFFFFF

#F2E8EF

袜子制板图

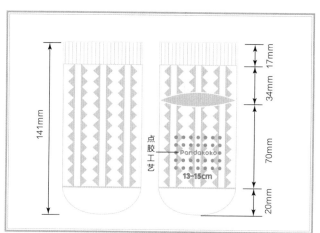

袜子配色色号

#FFFCF9　　#FFFFFF

#E1D9CB

袜子制板图

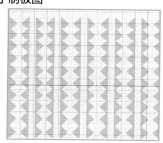

袜子配色色号

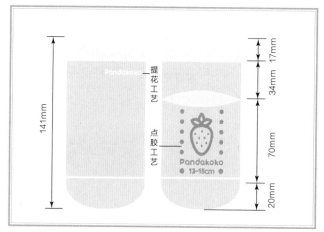

#E7F4F8　　#FFFFFF

#F2E8EF

提花细节图

Pandakoko

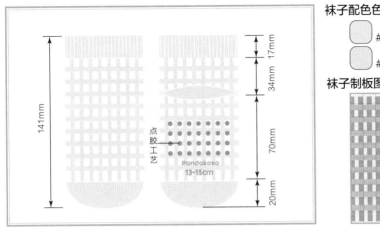

袜子配色色号

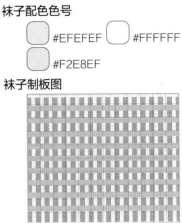

#EFEFEF　　#FFFFFF

#F2E8EF

袜子制板图

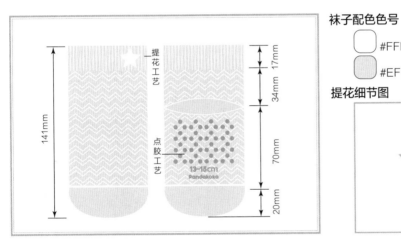

袜子配色色号

#FFFFFF

#EFE5EC

提花细节图

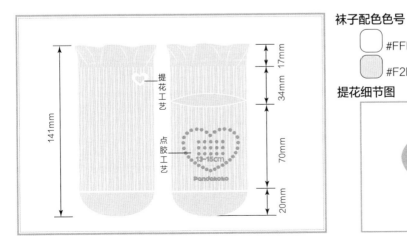

袜子配色色号

#FFFFFF

#F2E8EF

提花细节图

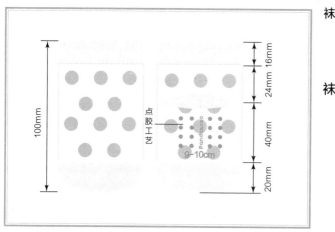

袜子配色色号

#E7F4F8　#DCDDDD

#FFFFFF

袜子制板图

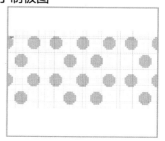

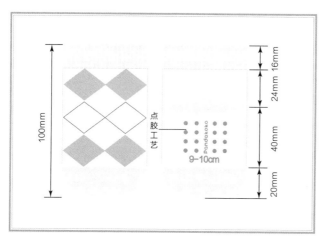

袜子配色色号

#E7F4F8　#FFFFFF

#DCDDDD

袜子制板图

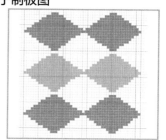

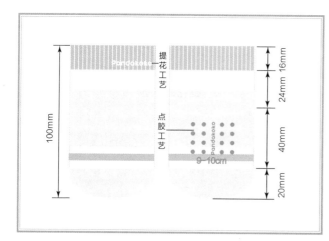

袜子配色色号

#DCDDDD　#FFFFFF

#E7F4F8

提花细节图

Pandakoko

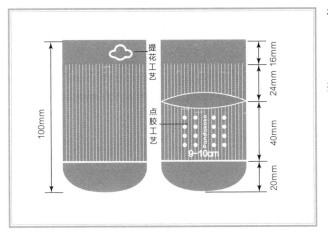

袜子配色色号

提花细节图

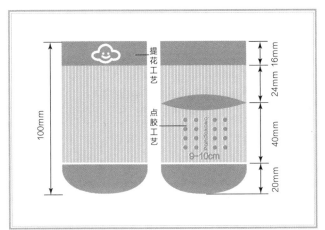

袜子配色色号

提花细节图

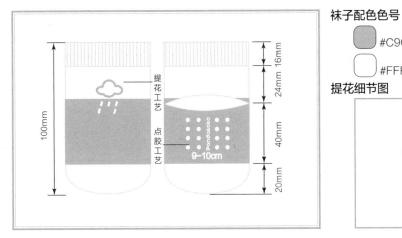

袜子配色色号

提花细节图

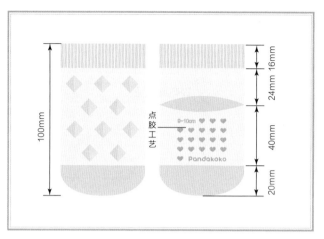

袜子配色色号

#EEE2E7　　#FEF7EC

#DFEBEF

袜子制板图

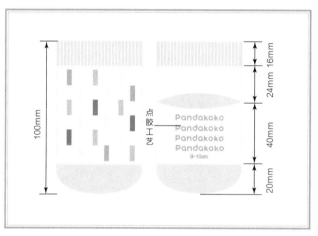

袜子配色色号

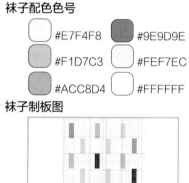

#E7F4F8　　#9E9D9E

#F1D7C3　　#FEF7EC

#ACC8D4　　#FFFFFF

袜子制板图

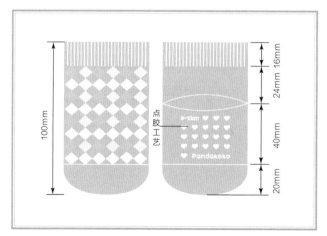

袜子配色色号

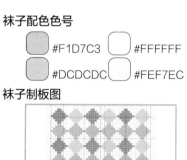

#F1D7C3　　#FFFFFF

#DCDCDC　　#FEF7EC

袜子制板图

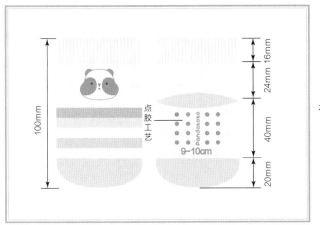

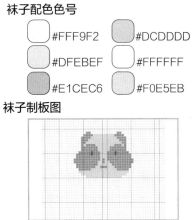

袜子配色色号

#FFF9F2 　#DCDDDD

#DFEBEF 　#FFFFFF

#E1CEC6 　#F0E5EB

袜子制板图

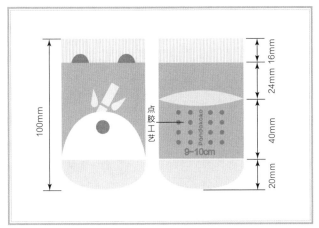

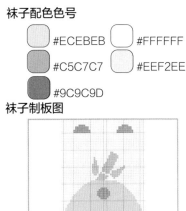

袜子配色色号

#ECEBEB 　#FFFFFF

#C5C7C7 　#EEF2EE

#9C9C9D

袜子制板图

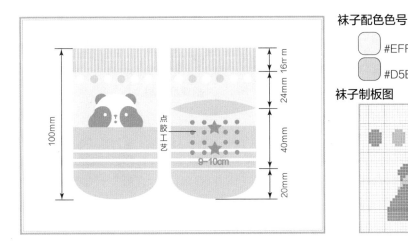

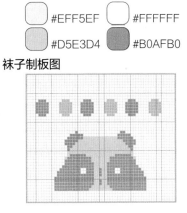

袜子配色色号

#EFF5EF 　#FFFFFF

#D5E3D4 　#B0AFB0

袜子制板图

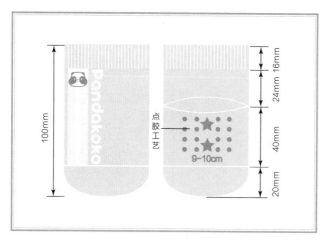

袜子配色色号

#E7F4F8　#DCDDDD
#FFFFFF

袜子制板图

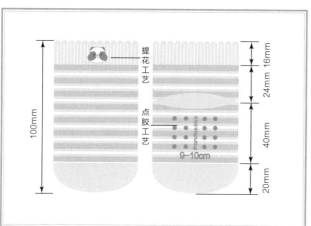

袜子配色色号

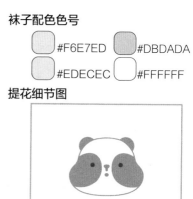

#F6E7ED　#DBDADA
#EDECEC　#FFFFFF

提花细节图

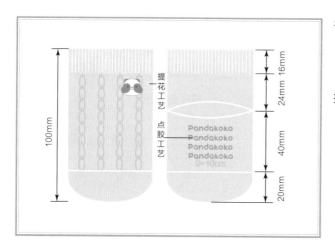

袜子配色色号

#E8ECE7　#FFFFFF
#AFAEAF

提花细节图

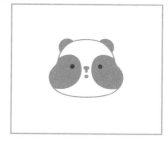

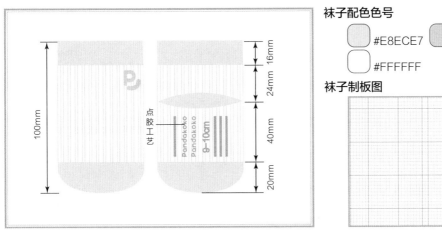

袜子配色色号

	#E8ECE7		#E6DADF
	#FFFFFF		

袜子制板图

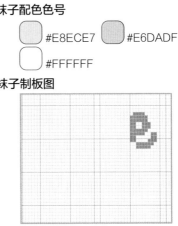

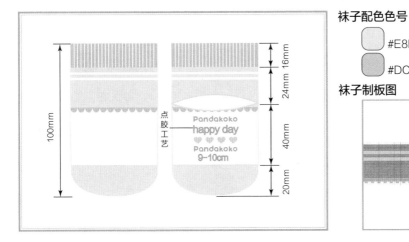

袜子配色色号

	#E8ECE7		#FFFFFF
	#DCDDDD		

袜子制板图

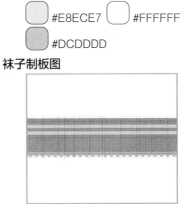

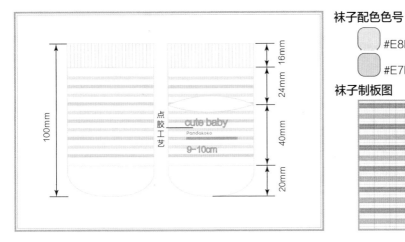

袜子配色色号

	#E8ECE7		#FFFFFF
	#E7E0E3		

袜子制板图

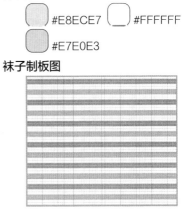

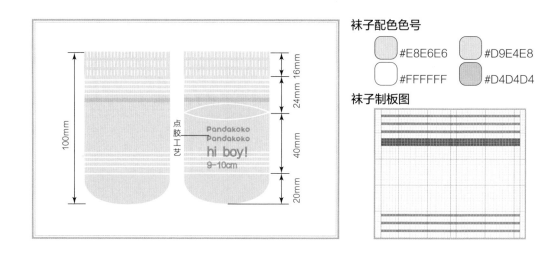

袜子配色色号

#E8E6E6		#D9E4E8	
#FFFFFF		#D4D4D4	

袜子制板图

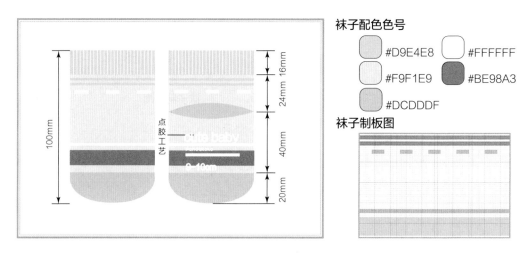

袜子配色色号

#D9E4E8		#FFFFFF	
#F9F1E9		#BE98A3	
#DCDDDF			

袜子制板图

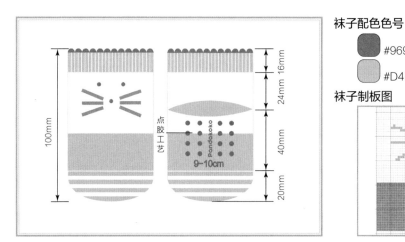

袜子配色色号

#969697		#FFFFFF	
#D4D3D3			

袜子制板图

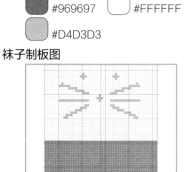

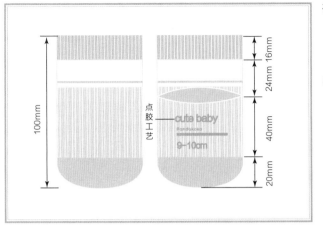

袜子配色色号

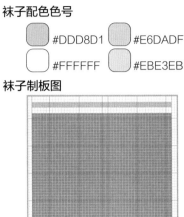

#DDD8D1   #E6DADF

#FFFFFF   #EBE3EB

袜子制板图

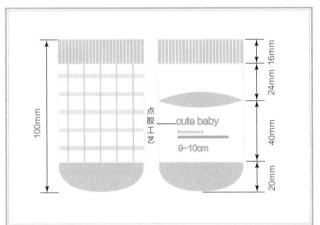

袜子配色色号

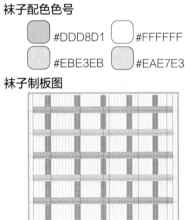

#DDD8D1   #FFFFFF

#EBE3EB   #EAE7E3

袜子制板图

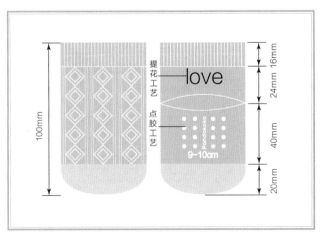

袜子配色色号

#DDD8D1   #FFFFFF

#EBE3EB   #FEF3EC

提花细节图

love

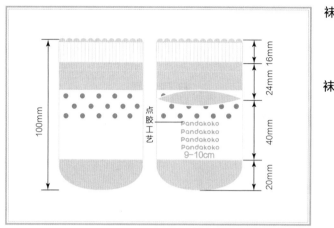

袜子配色色号

#E6DADF		#A6A19C	
#FFFFFF			

袜子制板图

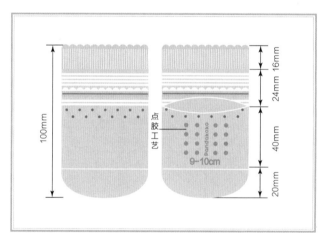

袜子配色色号

#DDD8D1		#FFFFFF	
#E6DADF		#948C83	

袜子制板图

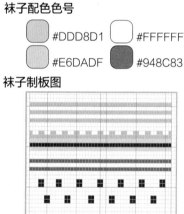

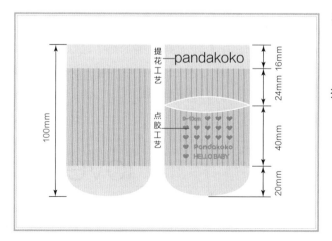

袜子配色色号

#EBE3EB		#FFFFFF	
#DDD8D1		#B3ACA4	

提花细节图

pandakoko

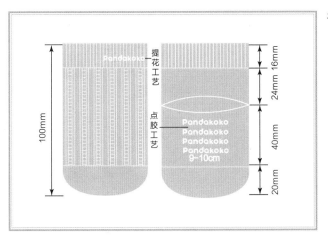

袜子配色色号

#DDD8D1

#FFFFFF

提花细节图

Pandakoko

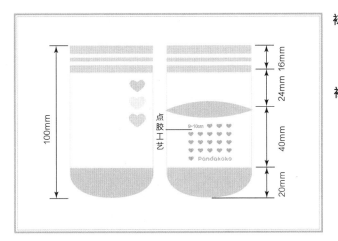

袜子配色色号

#E6DADF　#FFFFFF

#DDD8D1　#F7EFE4

袜子制板图

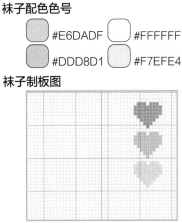

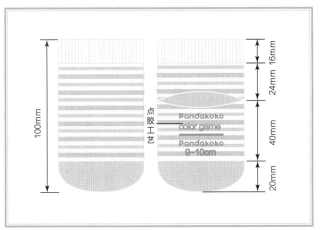

袜子配色色号

#E6DADF　#FFFFFF

#DDD8D1

袜子制板图

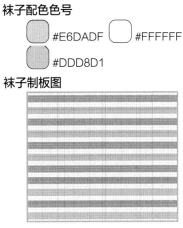

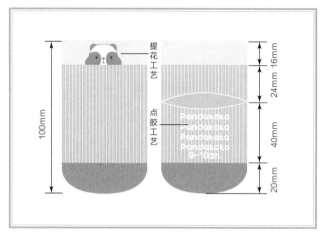

袜子配色色号

#DCDBDB #E5E5E5
#FFFFFF #B4B3B3

提花细节图

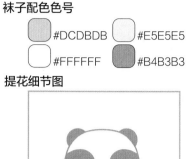

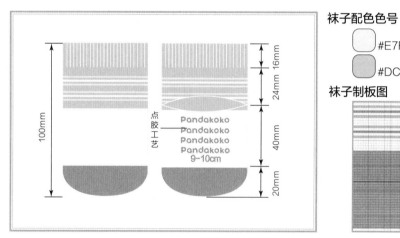

袜子配色色号

#E7F4F8 #FFFFFF
#DCDDDD #B4B3B3

袜子制板图

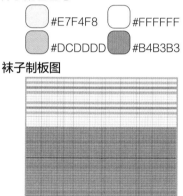

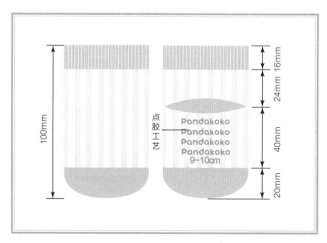

袜子配色色号

#DCDBDB #FFFFFF
#E6F2F6

袜子制板图

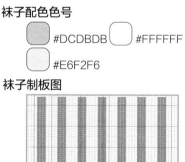

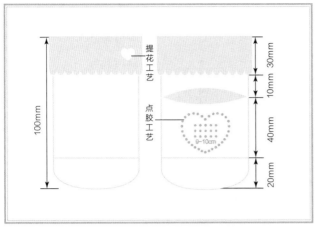

袜子配色色号

提花细节图

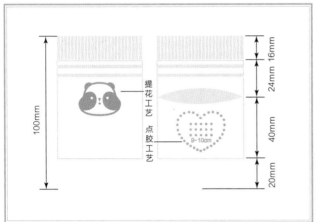

袜子配色色号

提花细节图

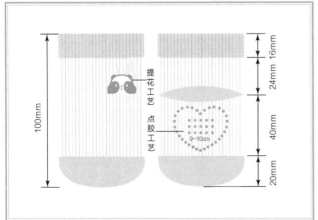

袜子配色色号

提花细节图

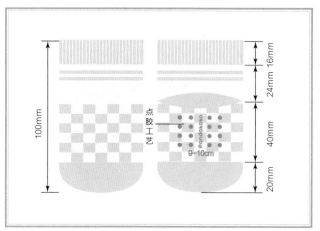

袜子配色色号

⬜ #FFFAF7
⬜ #E6E5E5

袜子制板图

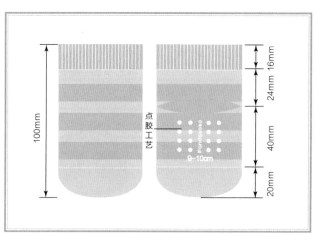

袜子配色色号

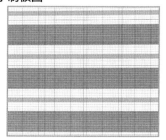

⬜ #D9E4E8   ⬜ #E8E6E6
⬜ #DBD5CF

袜子制板图

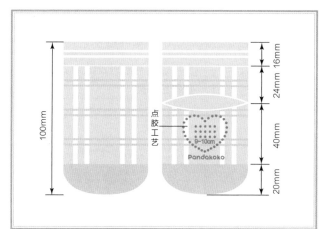

袜子配色色号

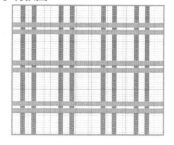

⬜ #E7E0E3   ⬜ #FFFFFF
⬜ #E8ECE7

袜子制板图

婴 儿 期

12~18 月

针数：108 针

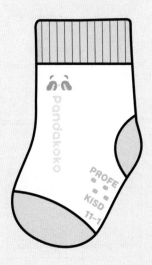

这个时期宝宝的袜子，其功能不仅要防滑、保护双脚的皮肤和清洁，还要有一定装饰的作用。因此，在童袜设计时要满足：高弹罗纹袜口，保证袜口宽松不勒肉；加固后跟，耐磨的后跟可以满足宝宝的行走需要；设计点胶图案，防滑的同时又美观；简单的花边装饰，增强美观性；袜子采用活性印染，颜色温和安全。面料选用安全的精梳棉，并采用简单的编织工艺，使袜子透气、安全又美观。

童袜效果图

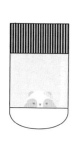

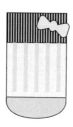

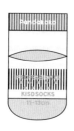

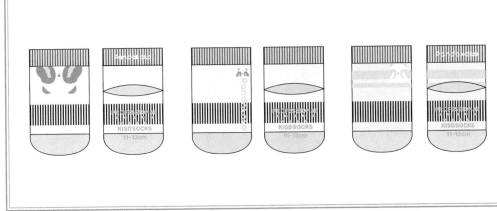

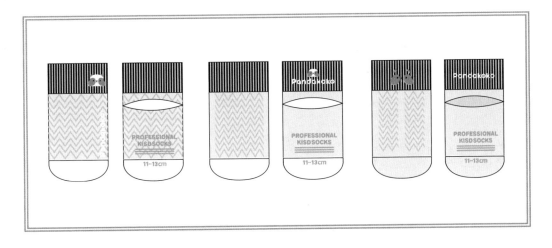

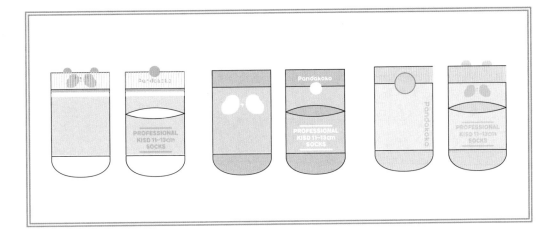

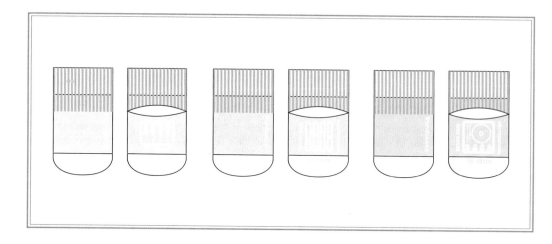

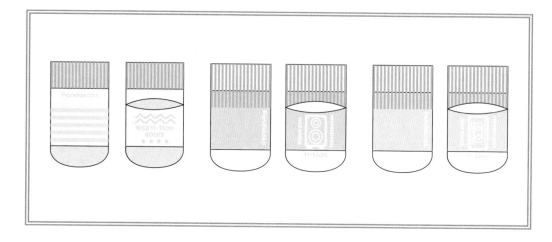

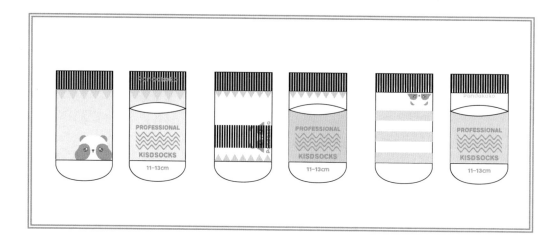

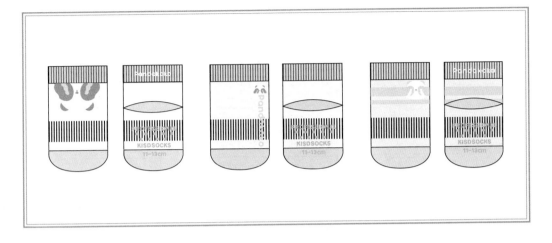

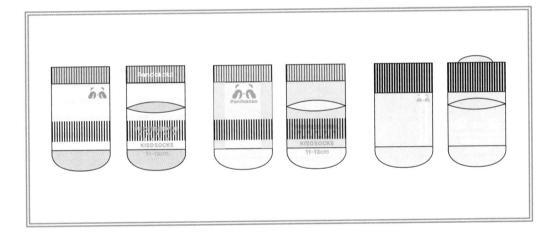

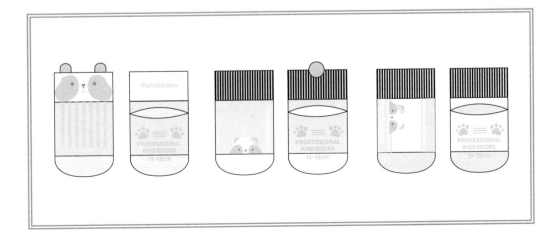

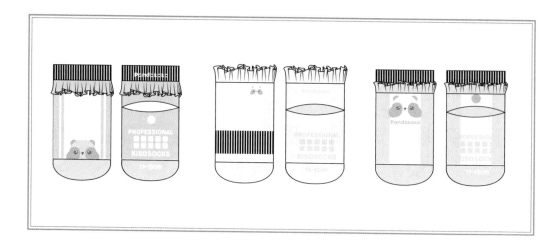

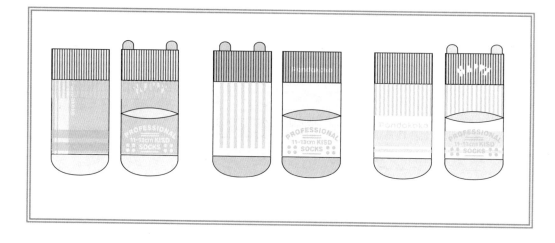

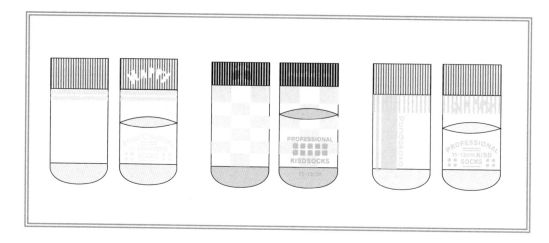

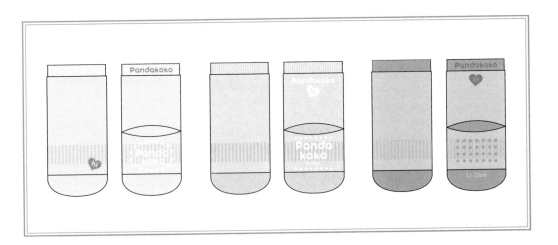

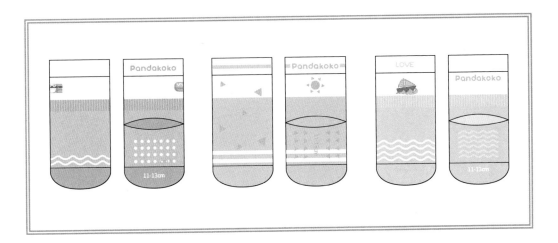

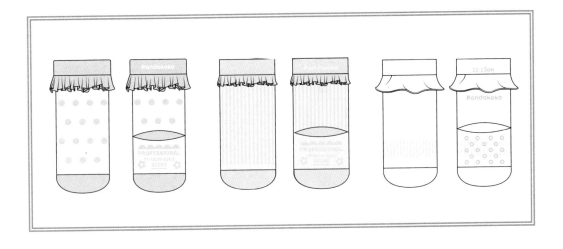

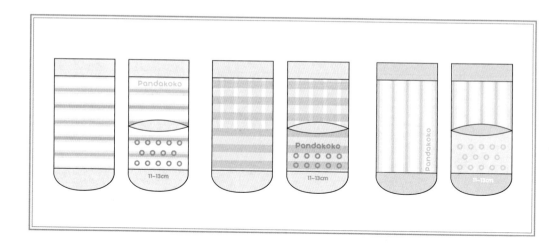

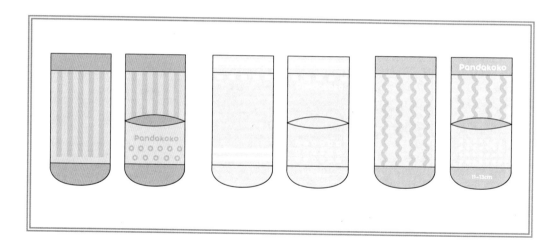

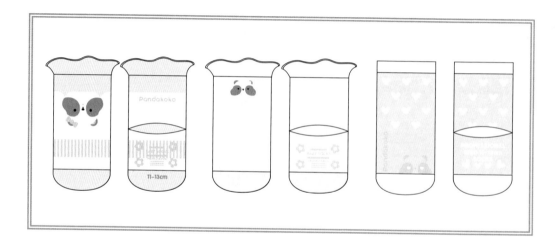

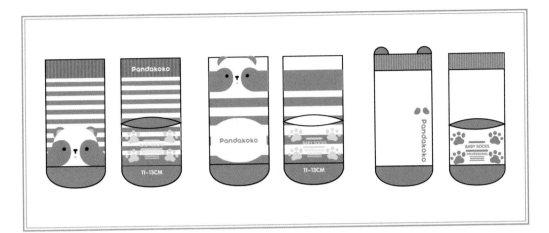

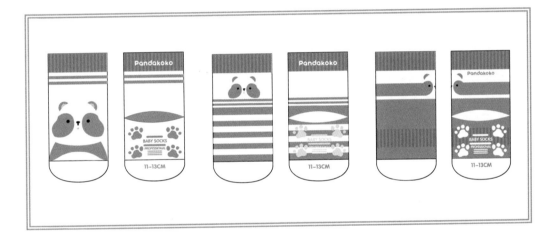

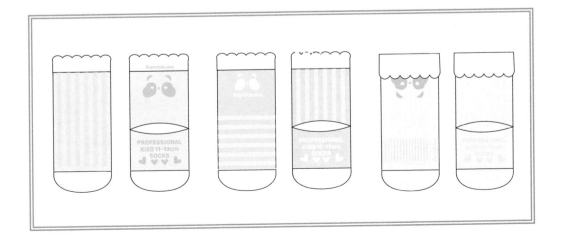

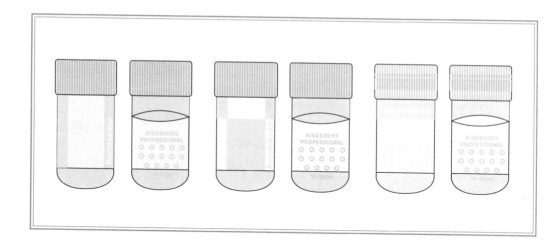

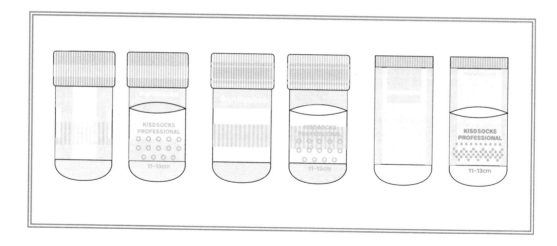

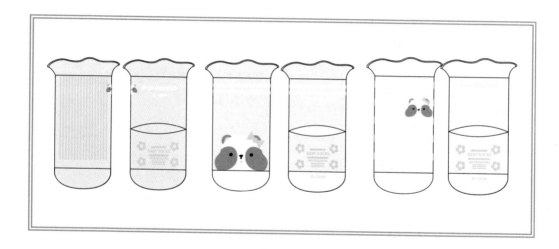

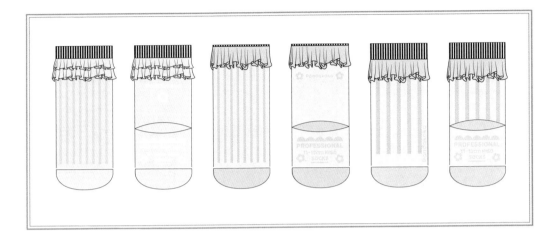

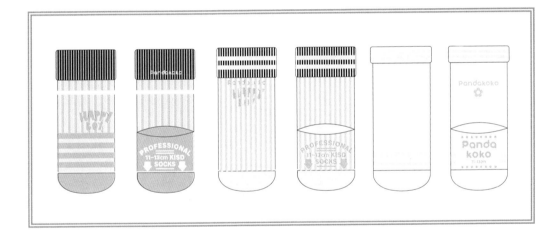

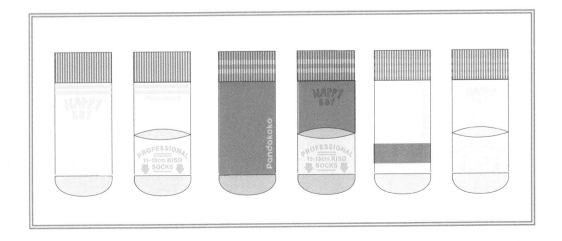

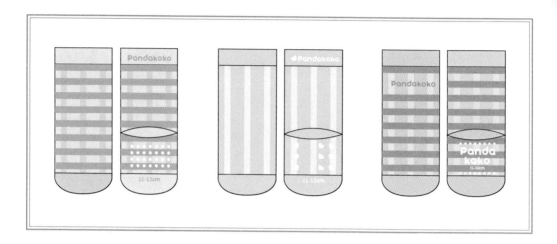

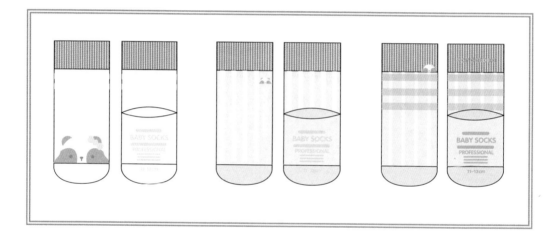

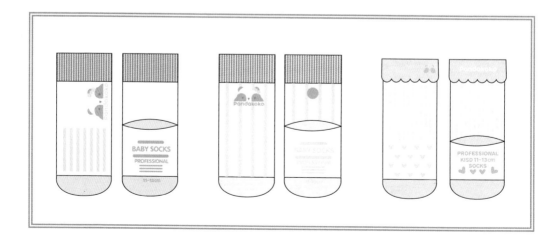

童袜工艺图

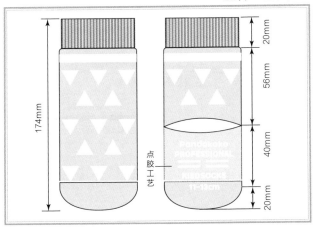

袜子配色色号

#DDEBEE

#FFFFFF

提花工艺

袜子配色色号

#E0EFF1   #FFFFFF

#CDE0ED

提花工艺

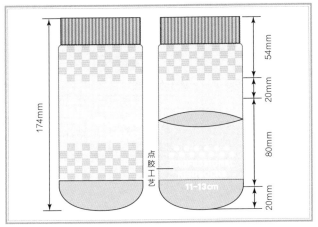

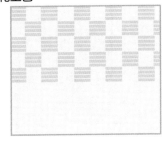

袜子配色色号

#E6F2F7

#FFFFFF

袜子制板图

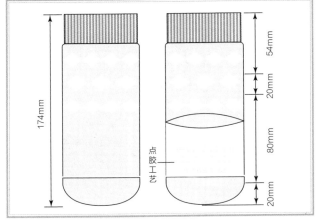

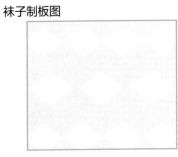

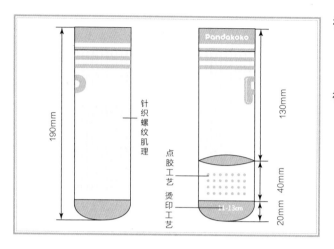

袜子配色色号

#BBCCE9　　#CBE3F6

#FFFFFF

袜子制板图

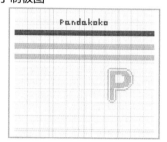

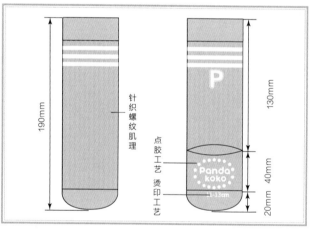

袜子配色色号

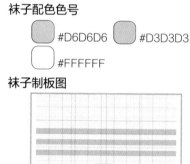

#D6D6D6　　#D3D3D3

#FFFFFF

袜子制板图

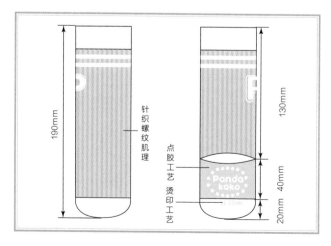

袜子配色色号

#DFE2E8　　#D3D3D3

#FFFFFF

袜子制板图

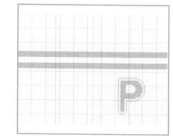

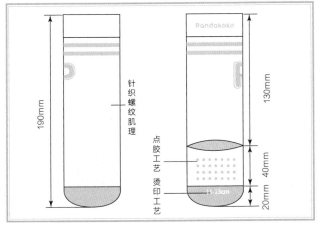

袜子配色色号

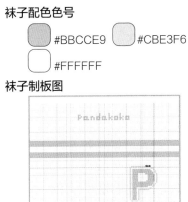

#BBCCE9　#CBE3F6
#FFFFFF

袜子制板图

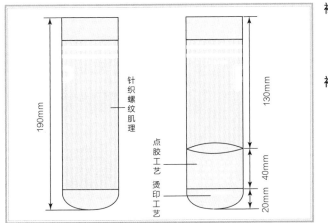

袜子配色色号

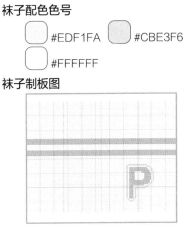

#EDF1FA　#CBE3F6
#FFFFFF

袜子制板图

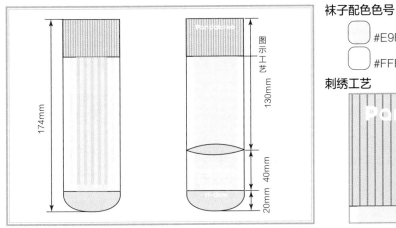

袜子配色色号

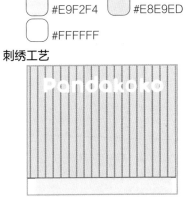

#E9F2F4　#E8E9ED
#FFFFFF

刺绣工艺

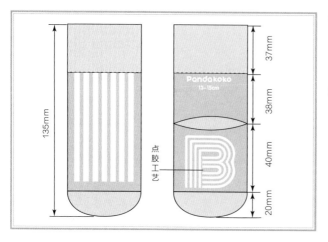

袜子配色色号

#E9D8D9　　#F2E7E0
#FFFFFF

刺绣工艺

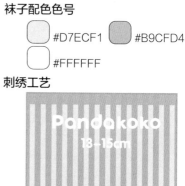

Pandakoko
13-15cm

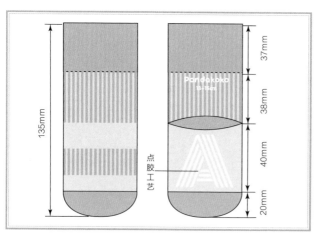

袜子配色色号

#D7ECF1　　#B9CFD4
#FFFFFF

刺绣工艺

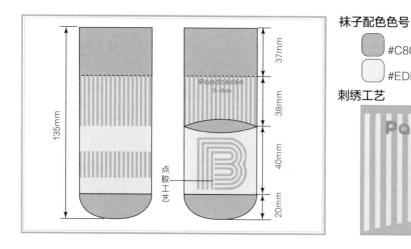

袜子配色色号

#C8CBD0
#EDEEF1

刺绣工艺

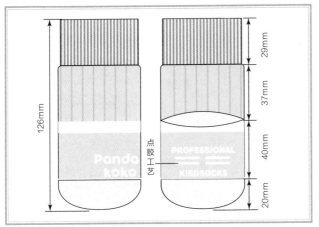

袜子配色色号

□ #F7F8F9   ■ #E8E9ED

□ #FFFFFF

提花工艺

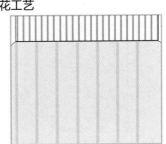

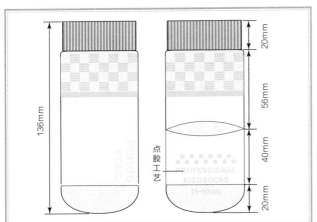

袜子配色色号

□ #E0EFF1   ■ #E6E8EB

□ #FFFFFF   □ #D5D8DD

提花工艺

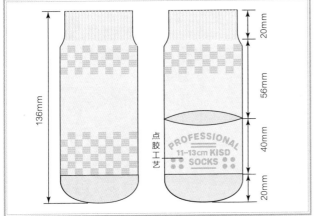

袜子配色色号

□ #F9F4F1   □ #EAECEF

■ #DAD0C7

提花工艺

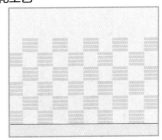

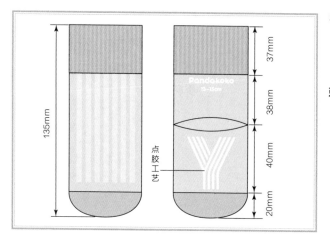

袜子配色色号

#ACD1E3   #D1E4EB

#FFFFFF

刺绣工艺

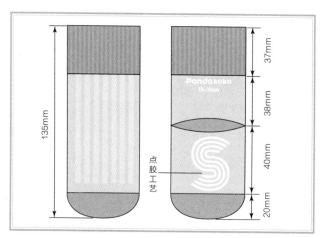

袜子配色色号

#CBB9D2   #E8E1E9

#FFFFFF

刺绣工艺

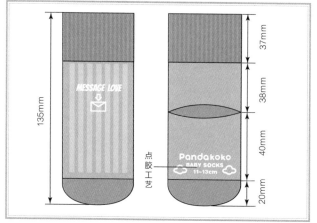

袜子配色色号

#ABCEC4   #9FBBAB

#FFFFFF

刺绣工艺

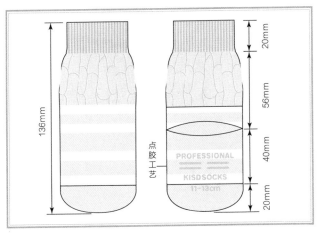

袜子配色色号

☐ #F7F8F9	■ #D7D9DE		
☐ #FFFFFF	☐ #FDEFEF		

提花工艺

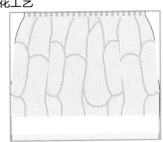

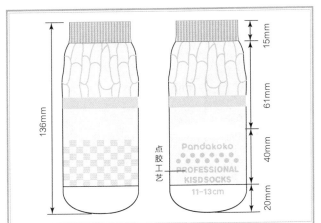

袜子配色色号

■ #F0E4E7	☐ #F8F6F7		
☐ #FFFFFF	■ #D5D8DD		

提花工艺

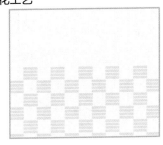

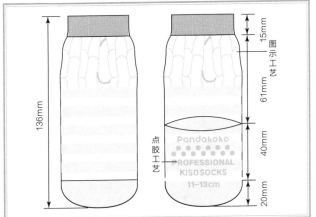

袜子配色色号

☐ #EFF5F1	■ #D5D8DD		
☐ #FFFFFF			

提花工艺

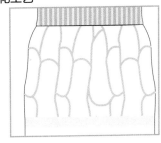

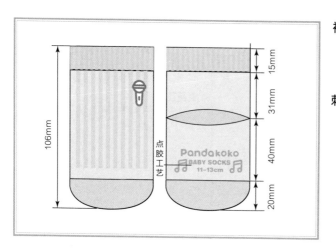

袜子配色色号

#EDEEF1　#E8E1E9

#E8E5E1

刺绣工艺

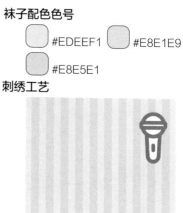

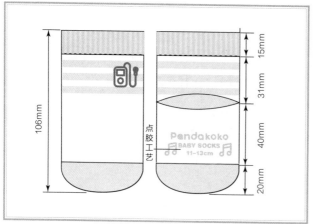

袜子配色色号

#FCFCF4

#E7E7F4

刺绣工艺

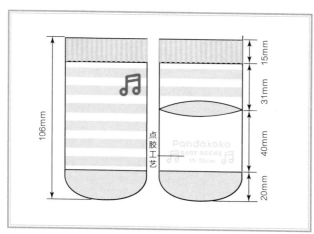

袜子配色色号

#E6E8EB

#FFFFFF

刺绣工艺

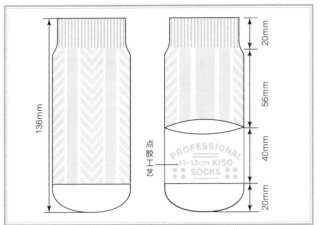

点胶工艺

袜子配色色号

⬜ #FCFDF9

🟦 #DBDDE2

提花工艺

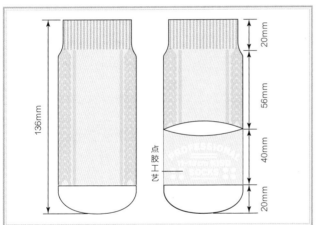

点胶工艺

袜子配色色号

⬜ #FDEFEF

⬜ #FFFFFF

提花工艺

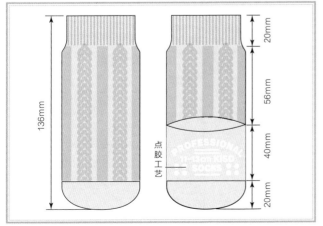

点胶工艺

袜子配色色号

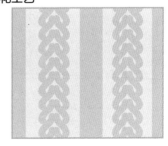

⬜ #F1EBF3

🟦 #D5D8DD

提花工艺

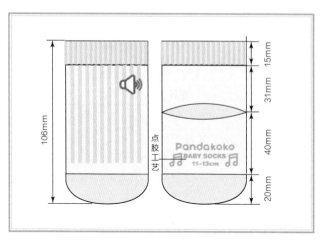

袜子配色色号

#F9EEDD #F8F7F4

#D8C8AE

刺绣工艺

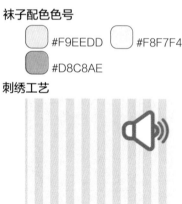

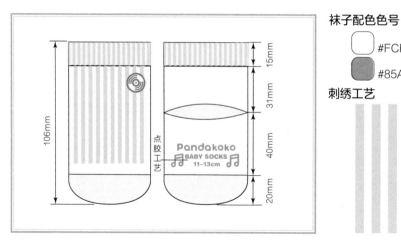

袜子配色色号

#FCFCF4 #E8F2F8

#85ADD3

刺绣工艺

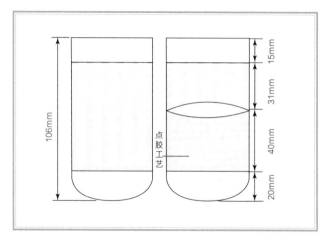

袜子配色色号

#E4F3F7

#FFFFFF

提花工艺

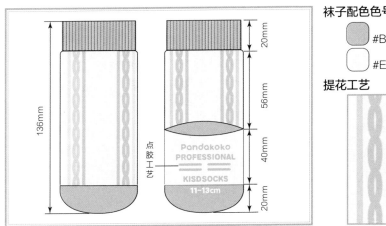

袜子配色色号

#BAD0DB

#EEF5FA

提花工艺

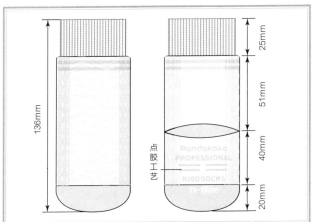

袜子配色色号

#EAECEF

#FFFFFF

提花工艺

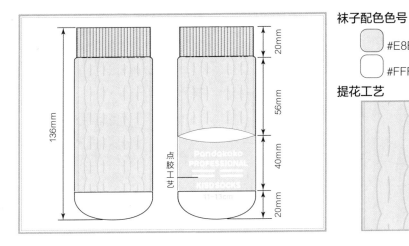

袜子配色色号

#E8E9ED

#FFFFFF

提花工艺

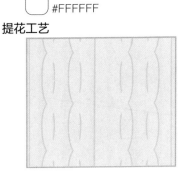

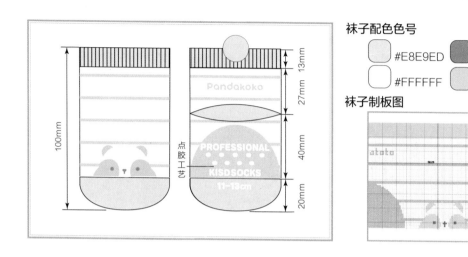

袜子配色色号

- #E8E9ED
- #A3A7AC
- #FFFFFF
- #C6DFF2

袜子制板图

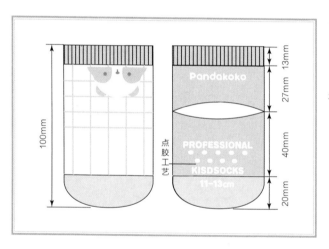

袜子配色色号

- #E8E9ED
- #A3A7AC
- #FFFFFF
- #C6DFF2

袜子制板图

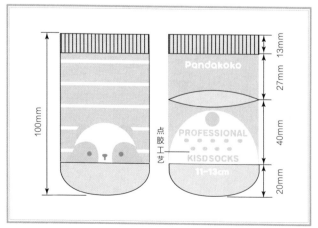

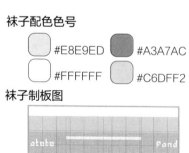

袜子配色色号

- #E8E9ED
- #A3A7AC
- #FFFFFF
- #C6DFF2

袜子制板图

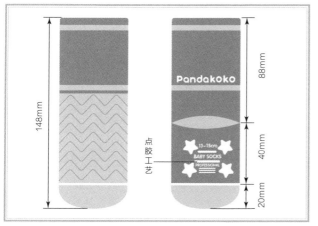

袜子配色色号

#82A3A4

#CCCCCC

袜子制板图

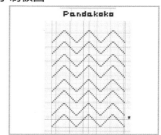

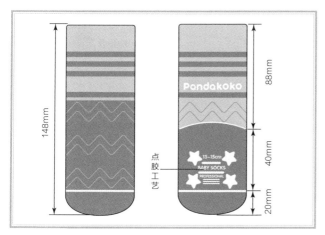

点胶工艺

袜子配色色号

#82A3A4

#CCCCCC

袜子制板图

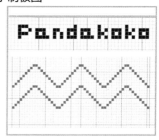

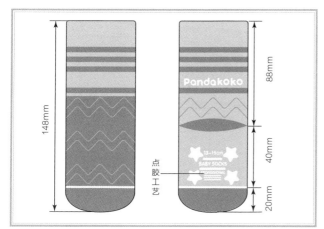

点胶工艺

袜子配色色号

#82A3A4

#CCCCCC

袜子制板图

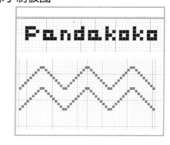

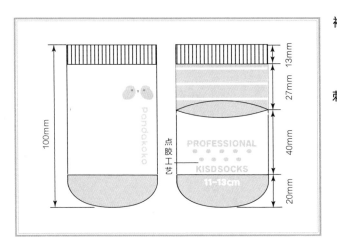

袜子配色色号

#E8E9ED　　#A3A7AC

#FFFFFF　　#C6DFF2

刺绣工艺

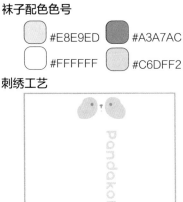

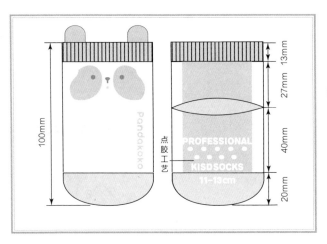

袜子配色色号

#E8E9ED　　#A3A7AC

#FFFFFF　　#C6DFF2

袜子制板图

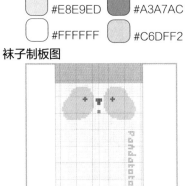

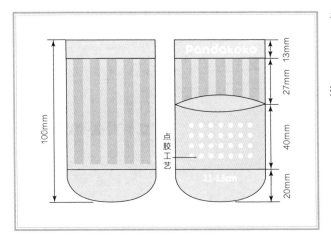

袜子配色色号

#DDEBED　　#FCE8E7

#FFFFFF

提花工艺

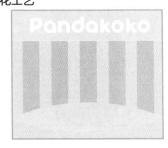

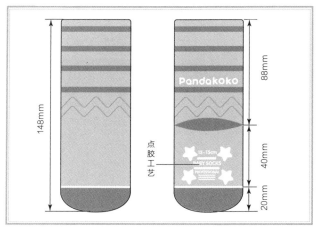

袜子配色色号

- ■ #82A3A4
- □ #CCCCCC

袜子制板图

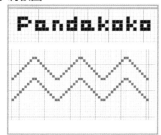

点胶工艺

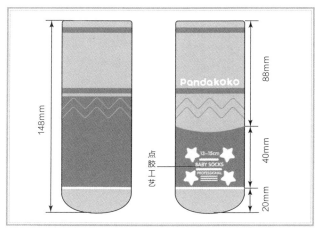

袜子配色色号

- ■ #82A3A4
- □ #CCCCCC

袜子制板图

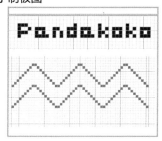

点胶工艺

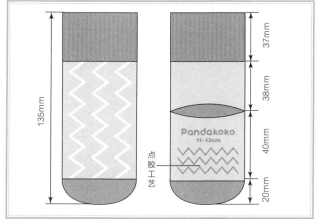

袜子配色色号

- □ #DBE7EF
- ■ #A2AFD9
- □ #FFFFFF
- ■ #AAAEB3

袜子制板图

点胶工艺

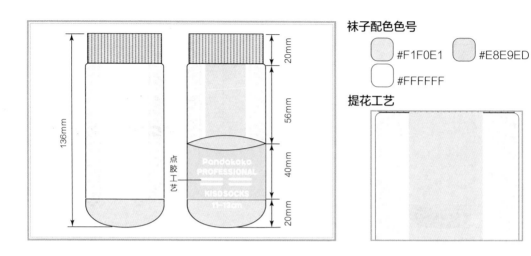

袜子配色色号

#F1F0E1　　#E8E9ED

#FFFFFF

提花工艺

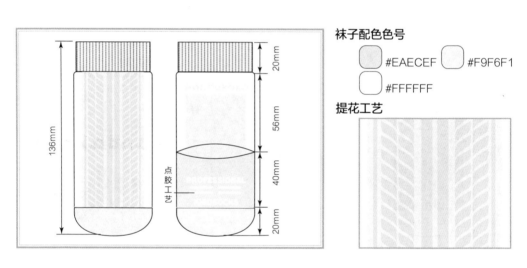

袜子配色色号

#EAECEF　　#F9F6F1

#FFFFFF

提花工艺

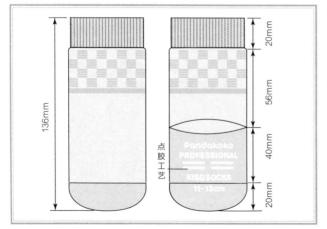

袜子配色色号

#E8E9ED　　#E6F2F7

#FFFFFF

提花工艺

婴 儿 期

18~24 月

针数：108 针

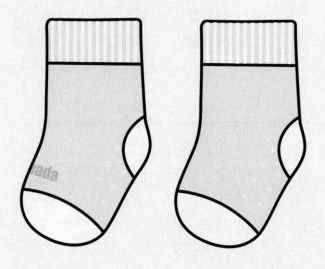

　　这个阶段的宝宝开始自由自在的跑跳，对于袜子也有了不同的需求。对于这个时期的宝宝，袜子设计在保暖、防滑以及美观舒适的基础上，更应做到持续贴合双脚，进而满足这个时期宝宝大量的运动。工艺上利用点胶图案进行防滑，简单的编织工艺及花边进行装饰。

童袜效果图

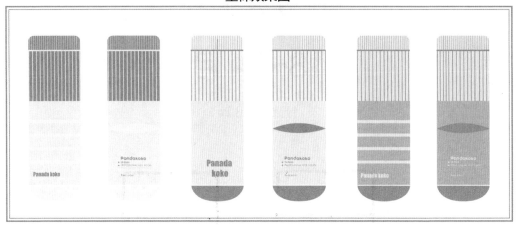

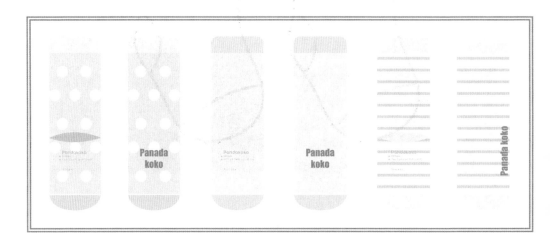

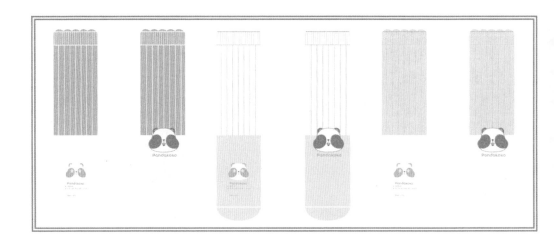

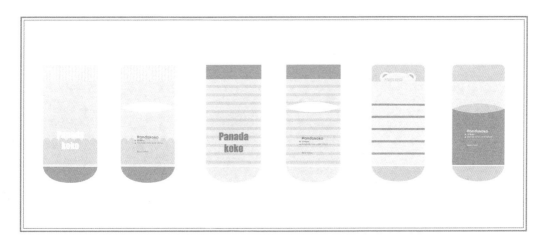

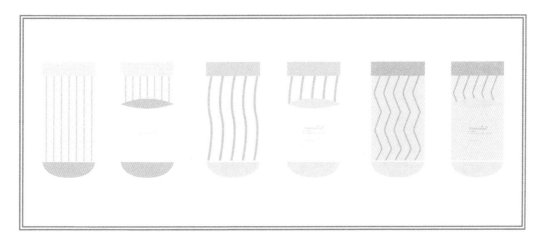

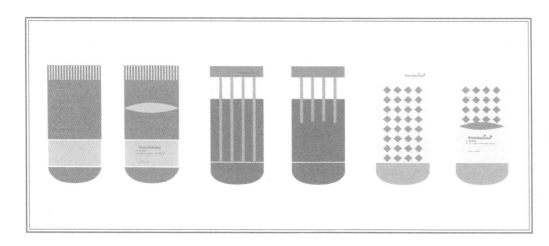

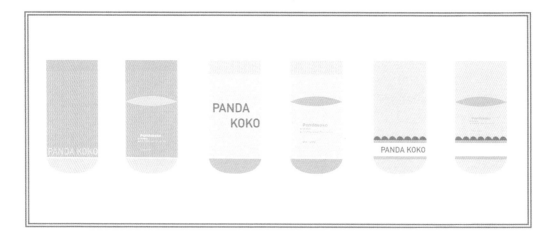

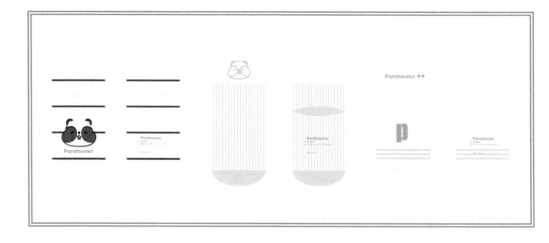

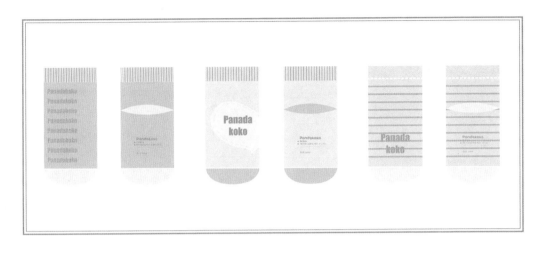

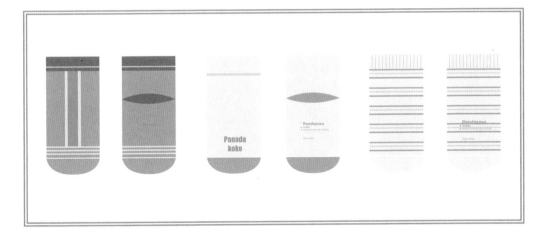

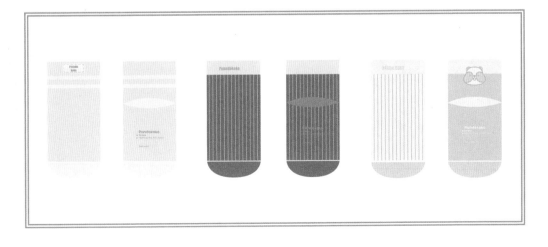

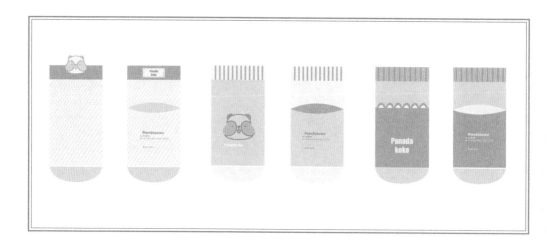

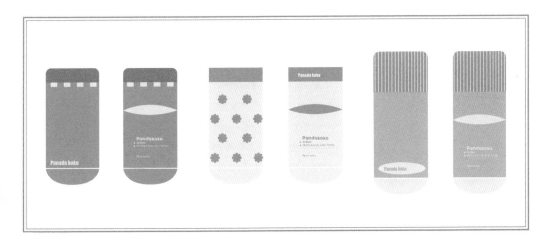

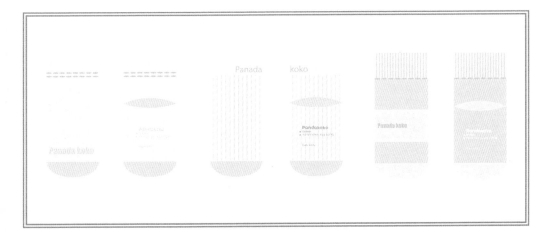

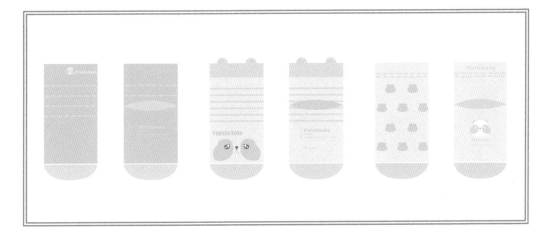

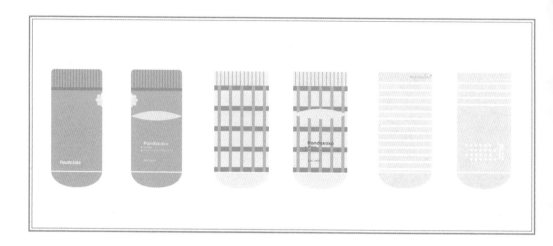

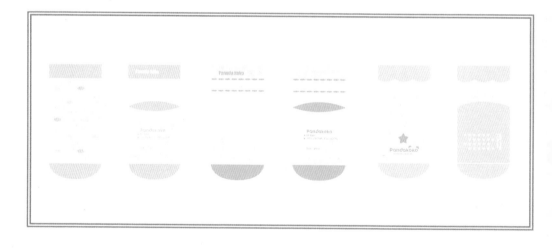

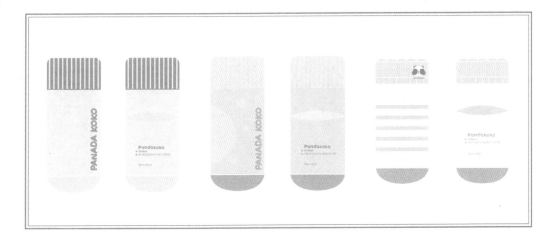

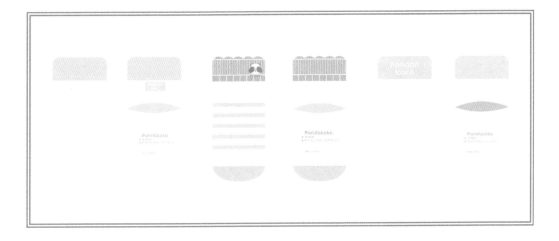

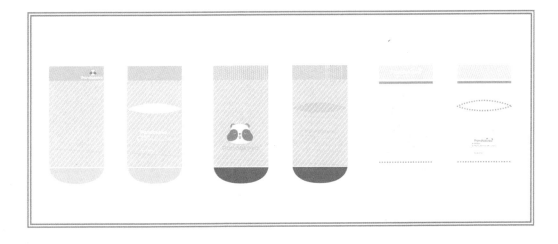

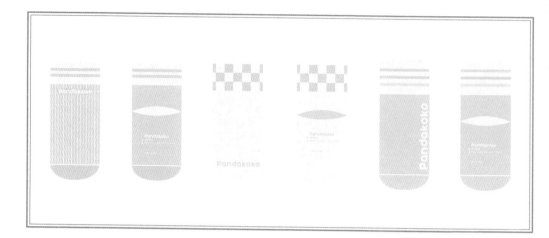

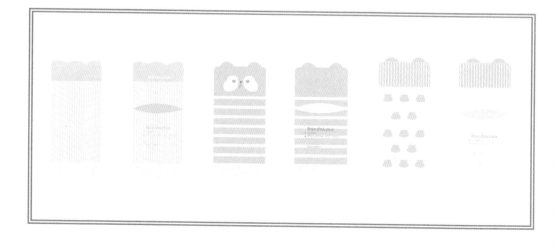

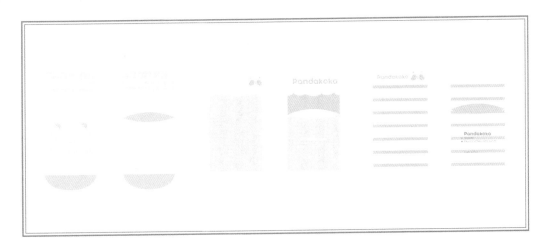

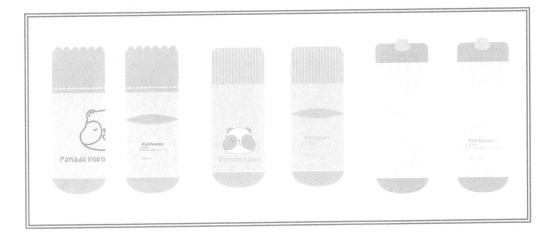

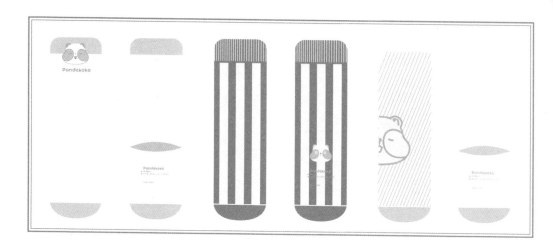

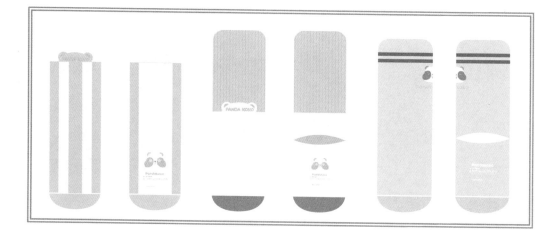

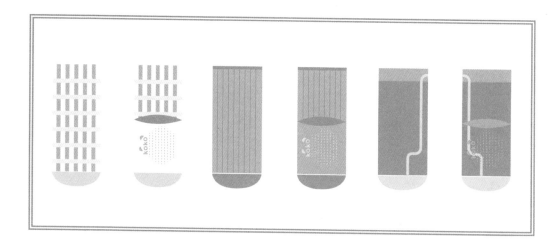

童袜工艺图

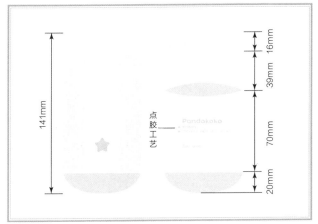

袜子配色色号

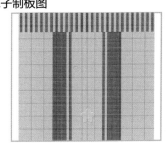

- #F8FCFE
- #EAF5FD
- #F4EAAF
- #EDEDEC

袜子制板图

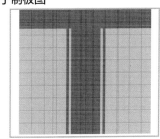

袜子配色色号

- #F8FCFE
- #EAF5FD
- #F4EAAF
- #EDEDEC

袜子制板图

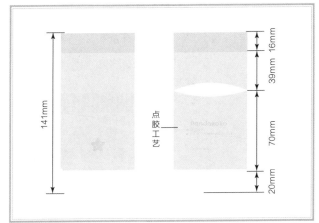

袜子配色色号

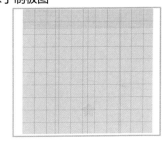

- #EDEDEC
- #F4EAAF
- #F8FCFE

袜子制板图

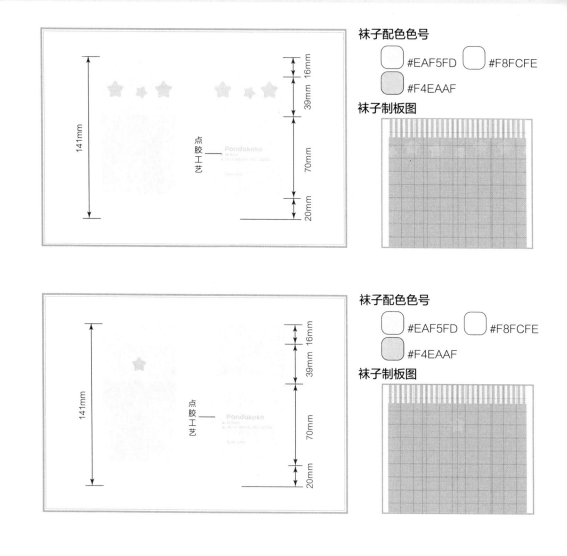

袜子配色色号

	#EAF5FD		#F8FCFE
	#F4EAAF		

袜子制板图

袜子配色色号

	#EAF5FD		#F8FCFE
	#F4EAAF		

袜子制板图

袜子配色色号

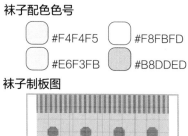

	#F4F4F5		#F8FBFD
	#E6F3FB		#B8DDED

袜子制板图

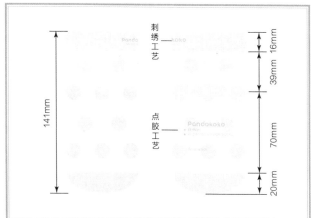

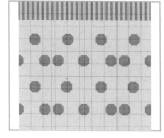

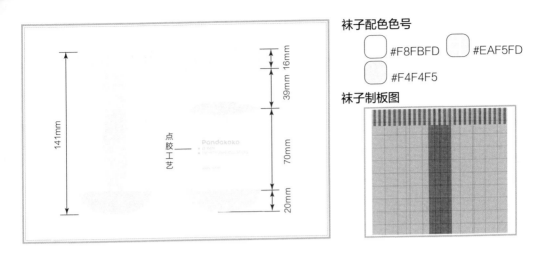

袜子配色色号

☐ #F8FBFD   ☐ #EAF5FD

☐ #F4F4F5

袜子制板图

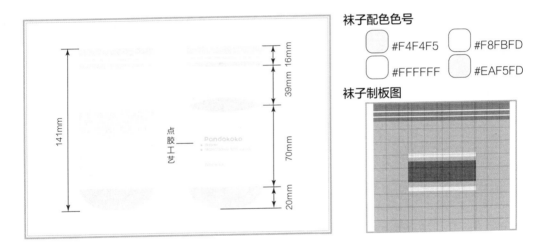

袜子配色色号

☐ #F4F4F5   ☐ #F8FBFD

☐ #FFFFFF   ☐ #EAF5FD

袜子制板图

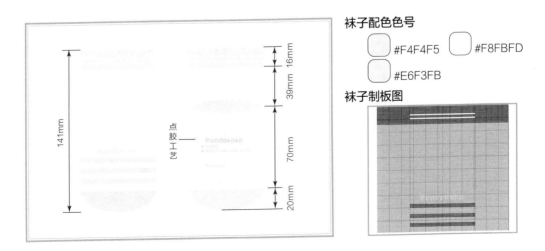

袜子配色色号

☐ #F4F4F5   ☐ #F8FBFD

☐ #E6F3FB

袜子制板图

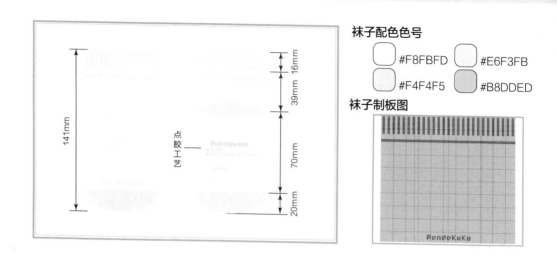

袜子配色色号

#F8FBFD #E6F3FB
#F4F4F5 #B8DDED

袜子制板图

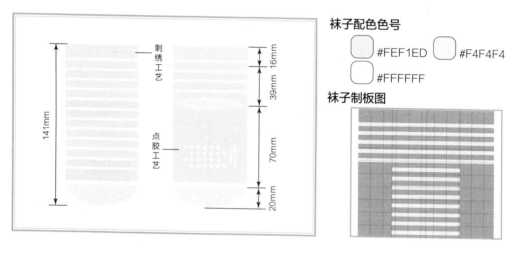

袜子配色色号

#FEF1ED #F4F4F4
#FFFFFF

袜子制板图

袜子配色色号

#FEF1ED #FEFAFA
#F4F4F4 #FFFFFF

袜子制板图

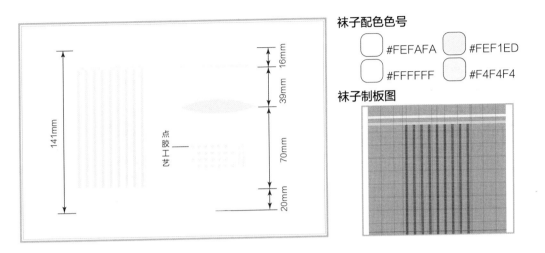

袜子配色色号

☐ #FEFAFA ☐ #FEF1ED
☐ #FFFFFF ☐ #F4F4F4

袜子制板图

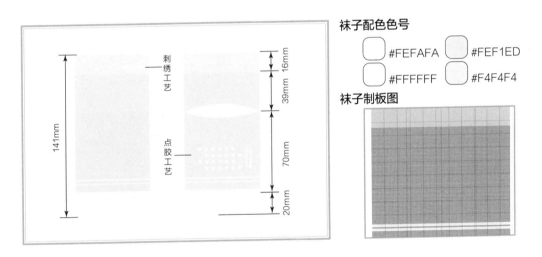

袜子配色色号

☐ #FEFAFA ☐ #FEF1ED
☐ #FFFFFF ☐ #F4F4F4

袜子制板图

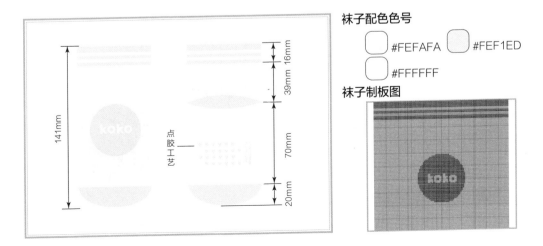

袜子配色色号

☐ #FEFAFA ☐ #FEF1ED
☐ #FFFFFF

袜子制板图

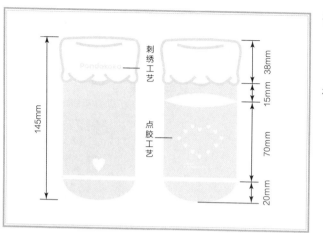

袜子配色色号

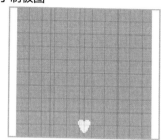

#FAFAFA

#F8ECE7

袜子制板图

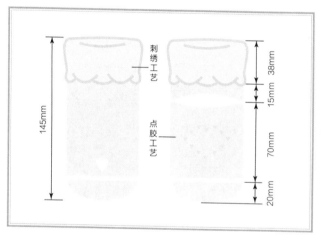

袜子配色色号

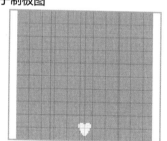

#FEF5F4

#FFFFFF

#F4F4F4

袜子制板图

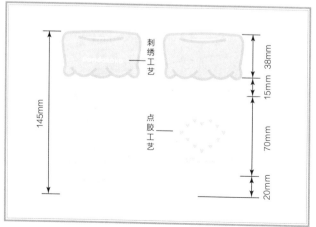

袜子配色色号

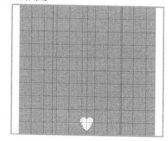

#F1F1F1

#FEFAFA

#FFFFFF

袜子制板图

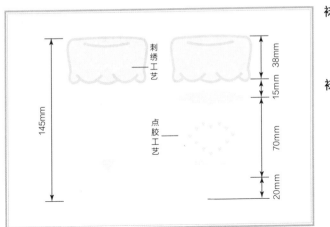

刺绣工艺

点胶工艺

38mm
15mm
70mm
20mm
145mm

袜子配色色号

#FEF5F3

#FCFBFC

袜子制板图

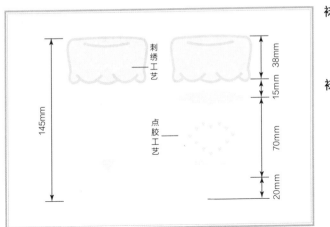

刺绣工艺

点胶工艺

38mm
15mm
70mm
20mm
145mm

袜子配色色号

#FEFAFA

#FFFEF8

袜子制板图

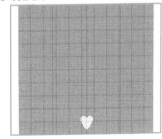

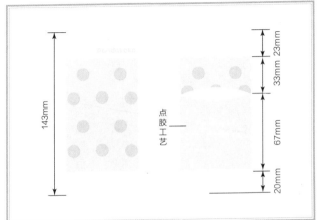

点胶工艺

23mm
33mm
67mm
20mm
143mm

袜子配色色号

#DCF0FA   #F9EEA7

#F8FCFE   #C8E8F7

袜子制板图

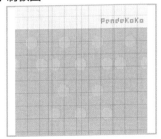

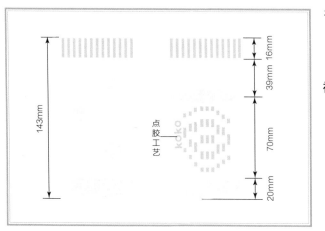

袜子配色色号

#F8FCFE	#C9DFEB
#EAF5FD	

袜子制板图

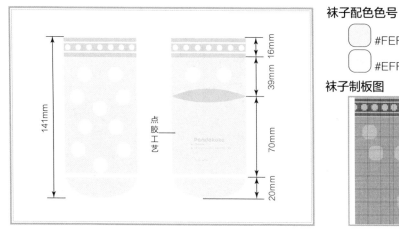

袜子配色色号

#FEF3F2	#CFDDEF
#EFF8FD	

袜子制板图

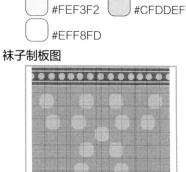

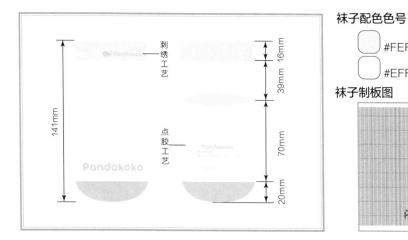

袜子配色色号

#FEF3F2	#CFDDEF
#EFF8FD	

袜子制板图

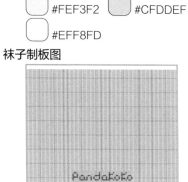

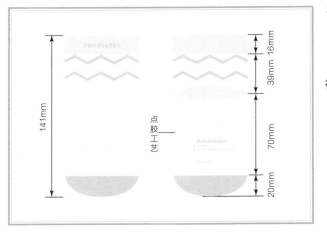

袜子配色色号

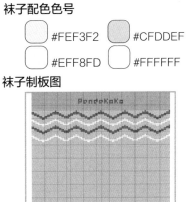

#FEF3F2　#CFDDEF
#EFF8FD　#FFFFFF

袜子制板图

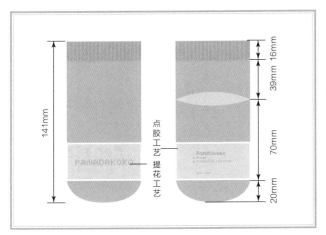

袜子配色色号

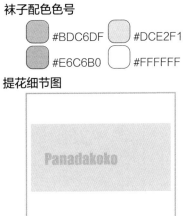

#BDC6DF　#DCE2F1
#E6C6B0　#FFFFFF

提花细节图

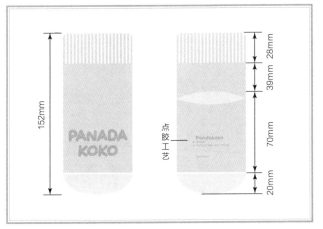

袜子配色色号

#DCE2F1　#F2F2F2
#E6C6B0

袜子制板图

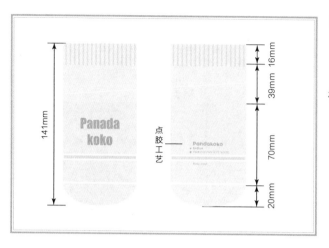

袜子配色色号

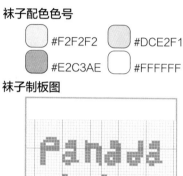

#F2F2F2　　#DCE2F1
#E2C3AE　　#FFFFFF

袜子制板图

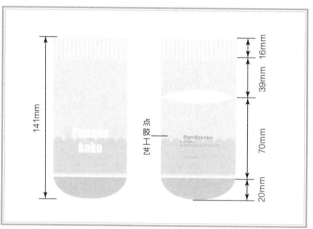

袜子配色色号

#F2F2F2　　#DCE2F1
#E2C3AE　　#FFFFFF

袜子制板图

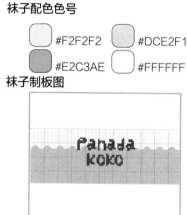

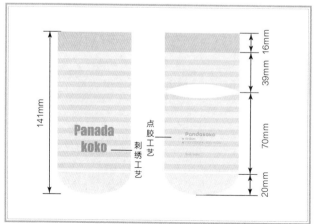

袜子配色色号

#F2F2F2　　#DCE2F1
#E2C3AE　　#FFFFFF

刺绣细节图

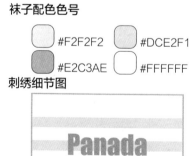

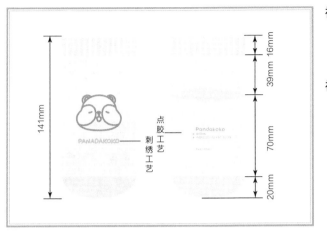

袜子配色色号

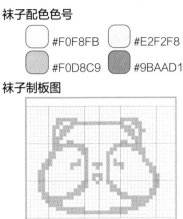

#F0F8FB   #E2F2F8
#F0D8C9   #9BAAD1

袜子制板图

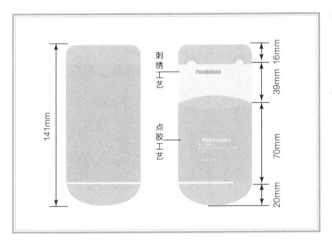

袜子配色色号

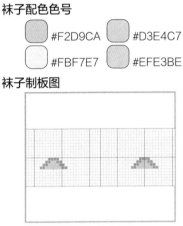

#F2D9CA   #D3E4C7
#FBF7E7   #EFE3BE

袜子制板图

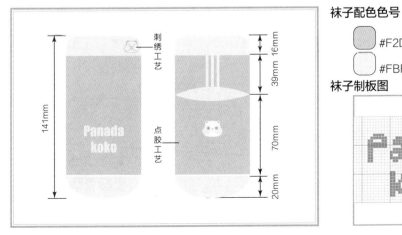

袜子配色色号

#F2D9CA
#FBF7E7

袜子制板图

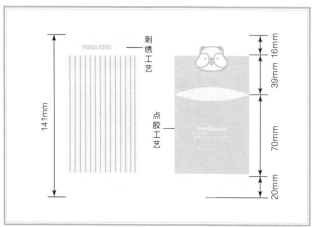

袜子配色色号

#F0F8FB   #FBF7E7
#D3E4C7   #BDC2D5

袜子制板图

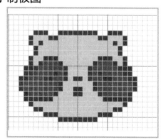

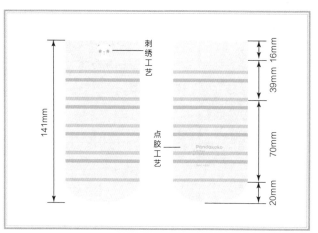

袜子配色色号

#FBF7E7   #E2F2F8
#F2D9CA   #BCD4B7

刺绣细节图

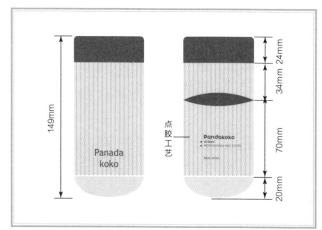

袜子配色色号

#8B7471   #F3E8E8
#EDD8CD

袜子制板图

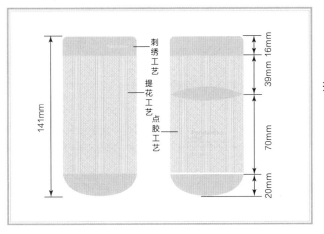

刺绣工艺
提花工艺
点胶工艺

16mm
39mm
70mm
20mm
141mm

袜子配色色号

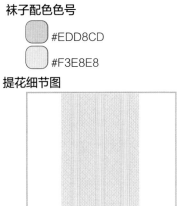

#EDD8CD

#F3E8E8

提花细节图

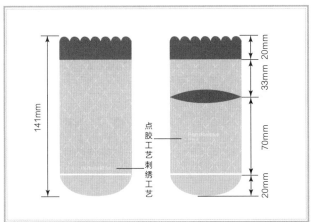

点胶工艺
刺绣工艺

141mm
20mm
33mm
70mm
20mm

袜子配色色号

#8B7471

#EDD8CD

刺绣细节图

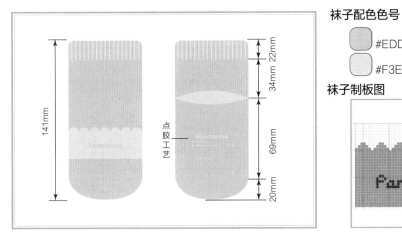

点胶工艺

141mm
22mm
34mm
69mm
20mm

袜子配色色号

#EDD8CD

#F3E8E8

袜子制板图

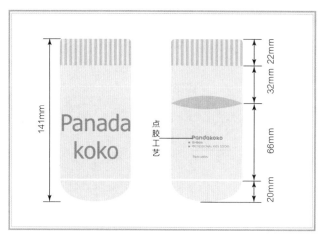

袜子配色色号

袜子制板图

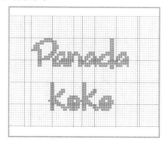

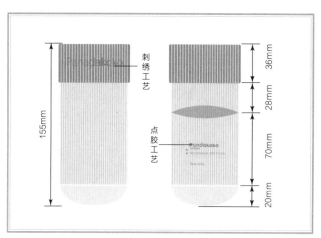

袜子配色色号

刺绣细节图

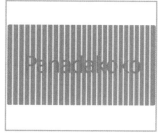

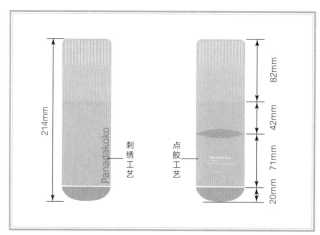

袜子配色色号

刺绣细节图

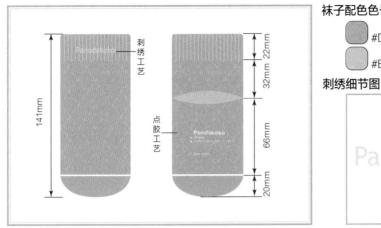

袜子配色色号

#DABFA4

#EED1C2

刺绣细节图

Panadakoko

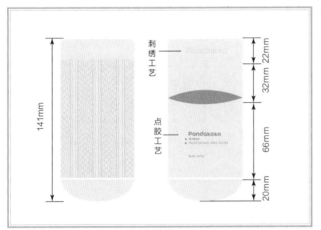

袜子配色色号

#F3EEE9　#F5E2D9

#8FA9BD

袜子制板图

Panadakoko

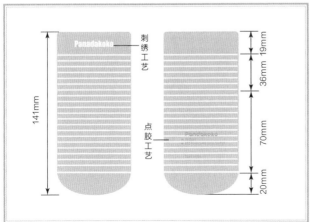

袜子配色色号

#CCD0E9

#FAFAFA

刺绣细节图

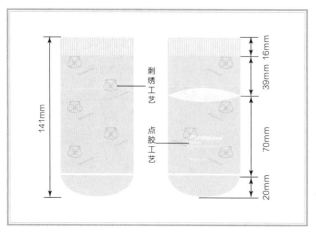

袜子配色色号

#EAEAEA　　#EAF5FD

#CCD0E9

刺绣细节图

刺绣工艺

点胶工艺

16mm
39mm
70mm
20mm
141mm

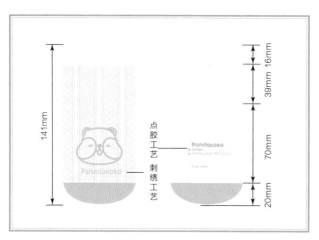

袜子配色色号

#FAFAFA

#CCD0E9

袜子制板图

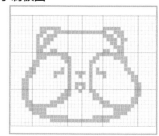

点胶工艺
刺绣工艺

16mm
39mm
70mm
20mm
141mm

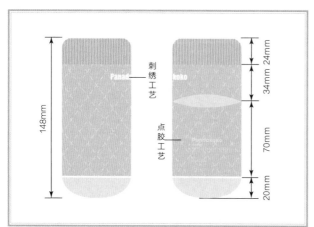

袜子配色色号

#CCD0E9　　#FAFAFA

#EAEAEA

刺绣细节图

刺绣工艺

点胶工艺

24mm
34mm
70mm
20mm
148mm

幼 儿 期

2~3岁

针数：120针

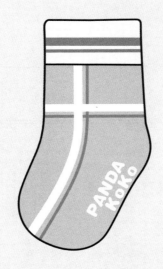

　　这个阶段的宝宝得到快速成长，双脚也迅速长大，由于需要长时间穿袜子，因此袜子要贴合脚型、易于穿着。在童袜设计时，袜口采用120针，避免勒痕，同时采用较为复杂的提花及暗花工艺；仿生图案的设计可以增加袜子的趣味性；加固后跟，让袜子耐磨又舒适。

童袜效果图

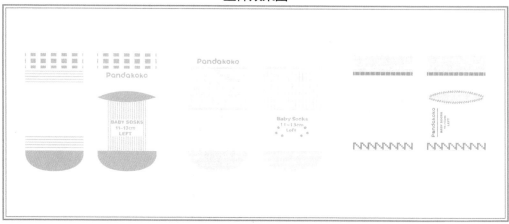

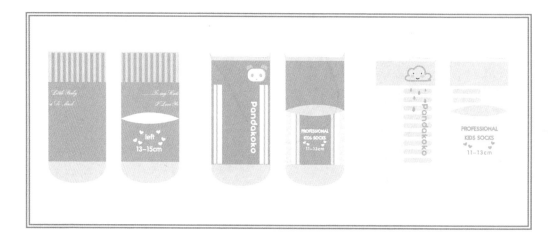

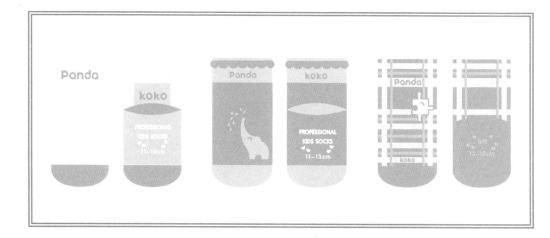

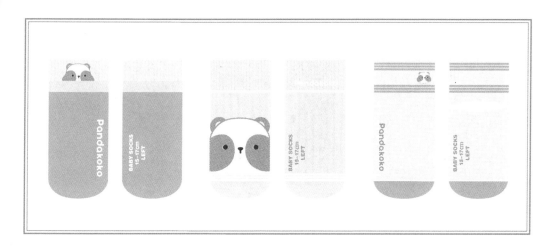

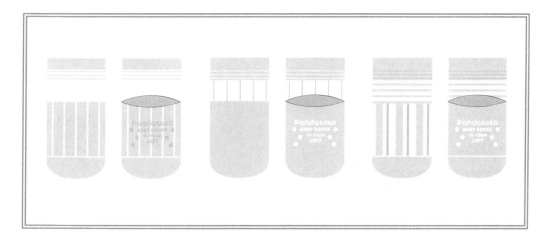

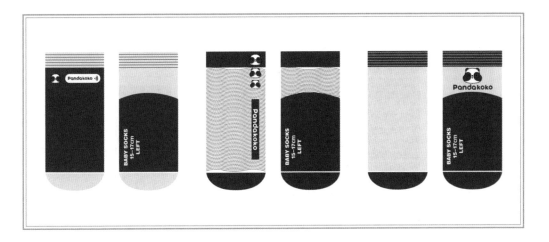

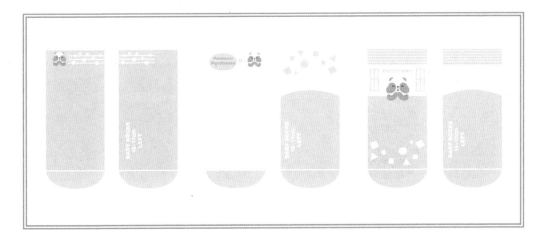

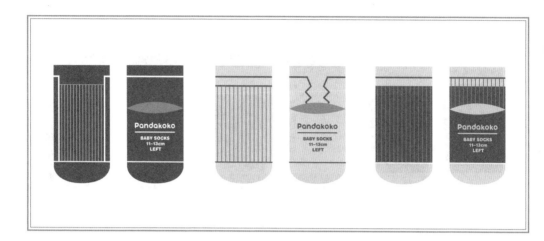

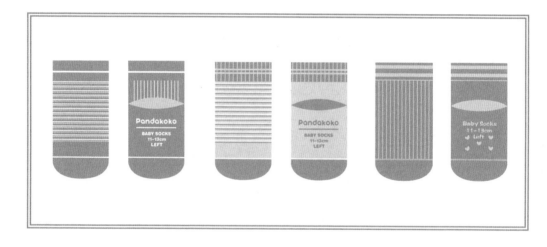

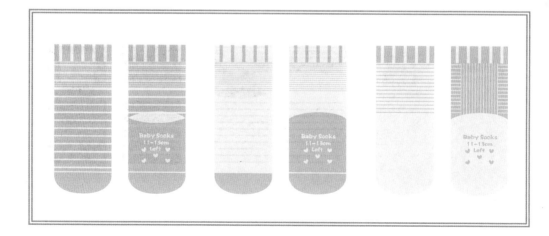

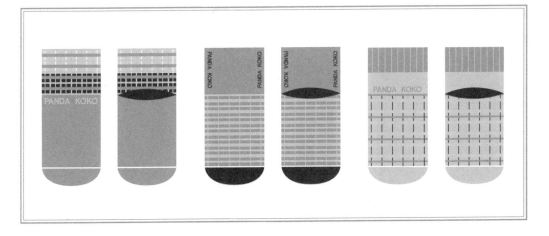

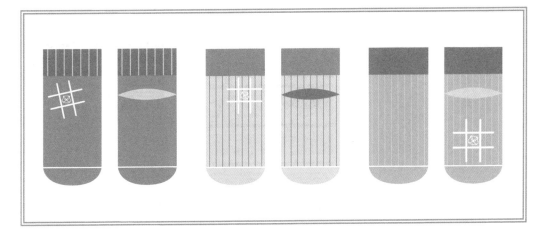

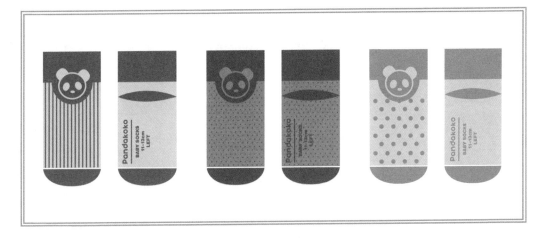

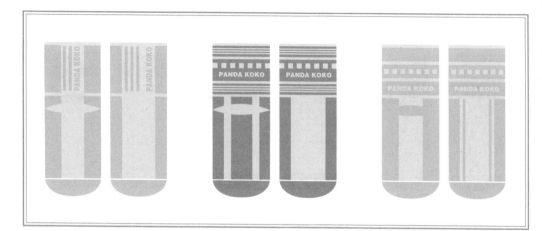

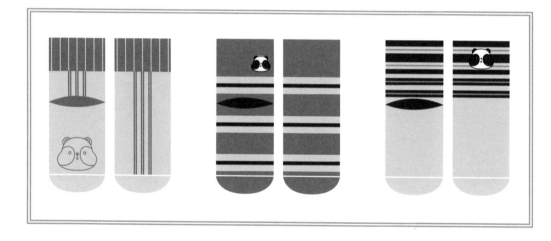

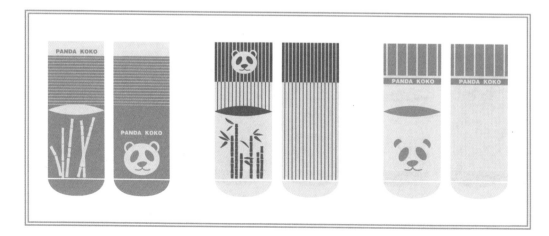

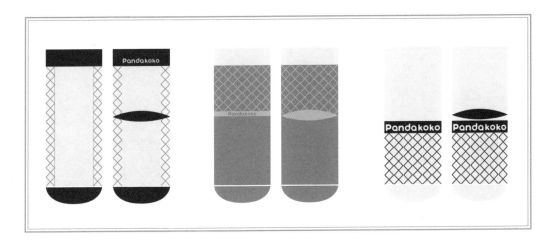

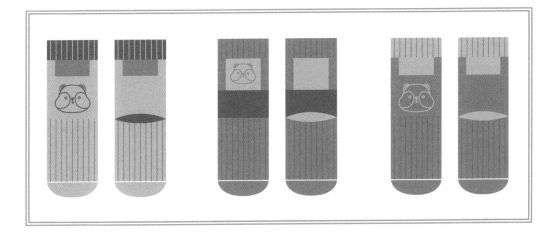

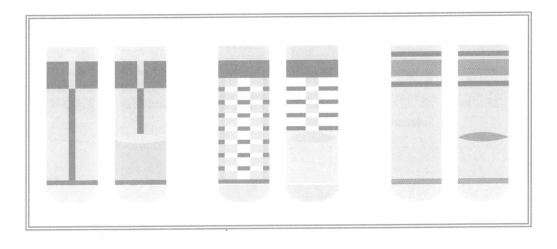

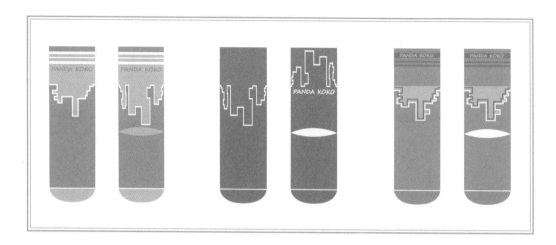

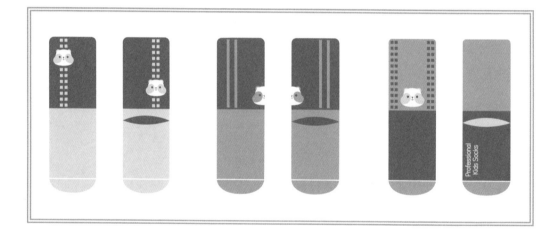

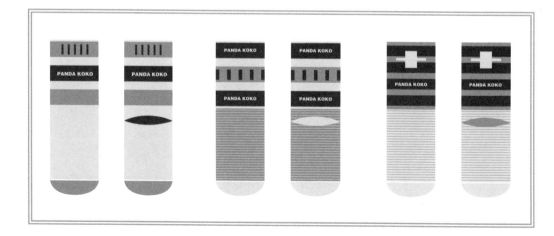

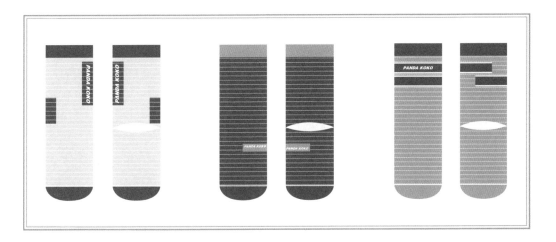

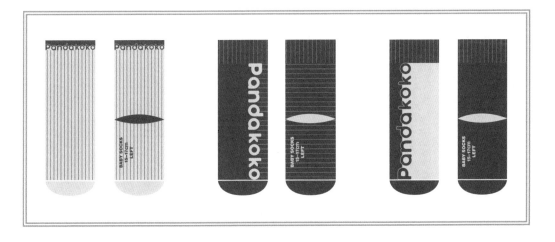

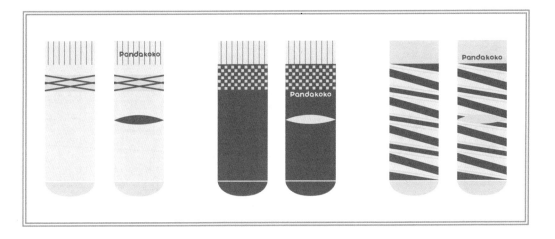

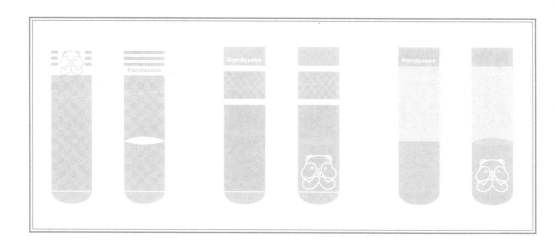

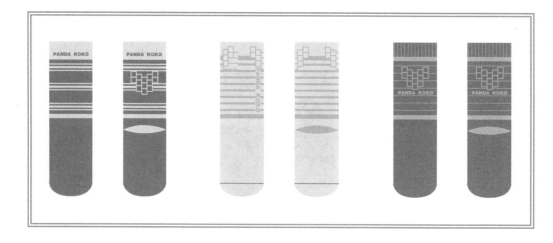

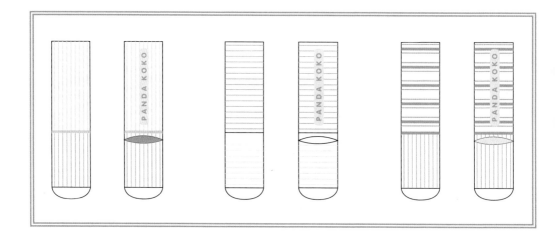

童袜工艺图

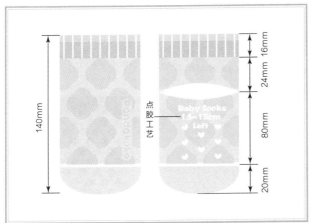

袜子配色色号

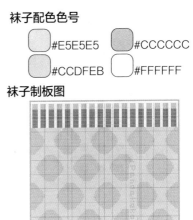

#E5E5E5　#CCCCCC
#CCDFEB　#FFFFFF

袜子制板图

袜子配色色号

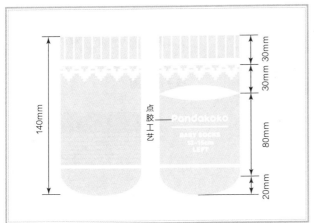

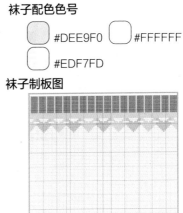

#DEE9F0　#FFFFFF
#EDF7FD

袜子制板图

袜子配色色号

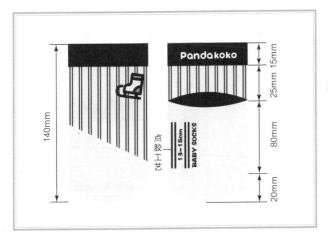

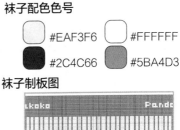

#EAF3F6　#FFFFFF
#2C4C66　#5BA4D3

袜子制板图

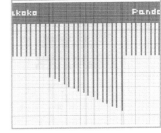

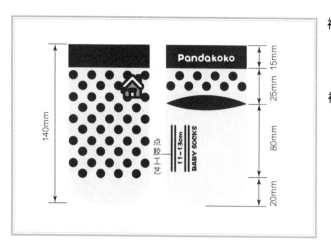

袜子配色色号

■	#2C4C66	■	#5BA4D3
□	#EAF3F6	□	#FFFFFF

袜子制板图

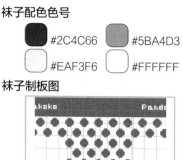

袜子配色色号

■	#2C4C66	■	#EA524D
□	#EAF3F6	□	#FFFFFF

袜子制板图

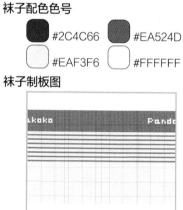

袜子配色色号

■	#2C4C66	■	#EA524D
□	#EAF3F6	□	#FFFFFF

袜子制板图

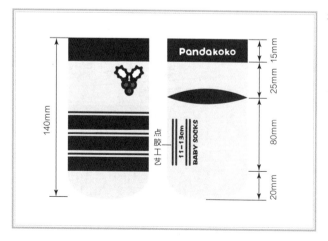

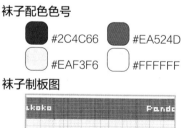

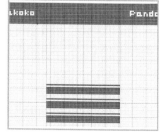

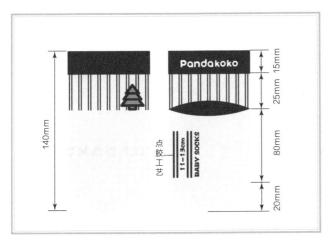

袜子配色色号

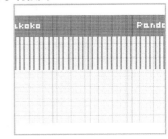

#2C4C66　#37A273
#EAF3F6　#FFFFFF

袜子制板图

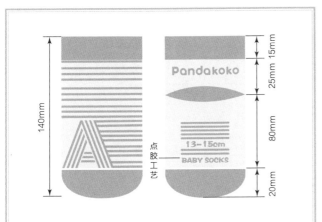

袜子配色色号

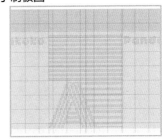

#A7AFC2
#F2F2F2

袜子制板图

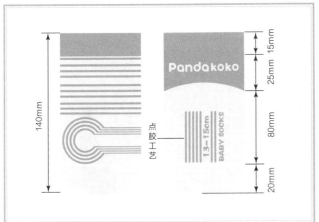

袜子配色色号

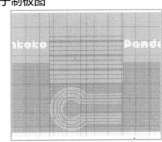

#A7AFBA
#EAF3F6

袜子制板图

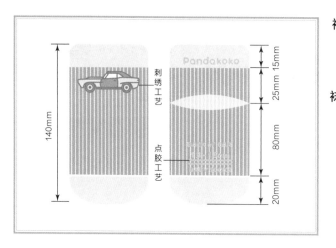

袜子配色色号

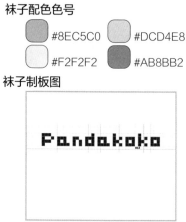

#8EC5C0　　#DCD4E8
#F2F2F2　　#AB8BB2

袜子制板图

Pandakoko

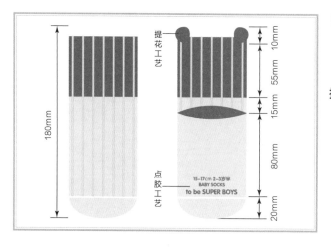

袜子配色色号

#EDEDEC
#5580AD

提花细节图

袜子配色色号

#EDEDEC
#5580AD

提花细节图

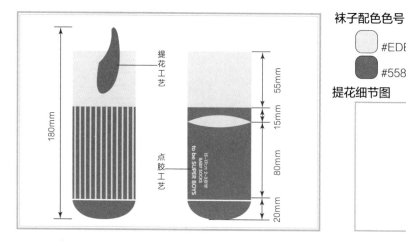

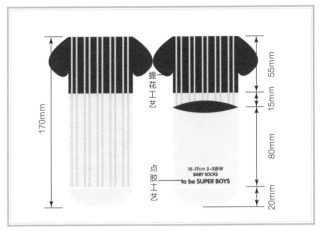

袜子配色色号

#F9F2E5

#704F38

提花细节图

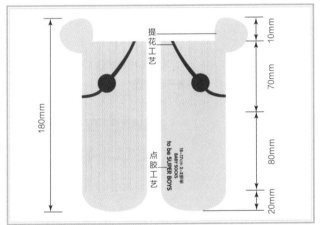

袜子配色色号

#F9F2E5

#704F38

提花细节图

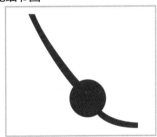

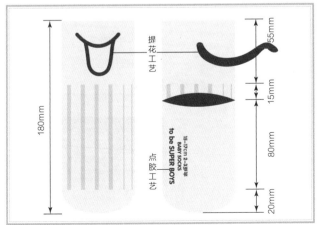

袜子配色色号

#F9F2E5

#704F38

提花细节图

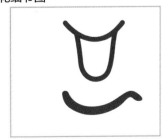

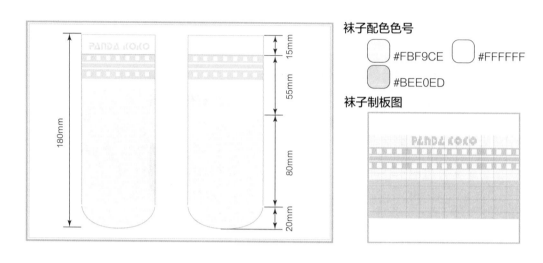

袜子配色色号

☐ #FBF9CE   ☐ #FFFFFF
☐ #BEE0ED

袜子制板图

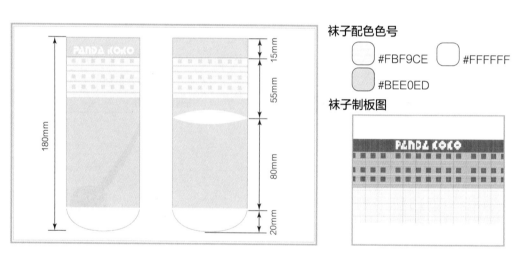

袜子配色色号

☐ #FBF9CE   ☐ #FFFFFF
☐ #BEE0ED

袜子制板图

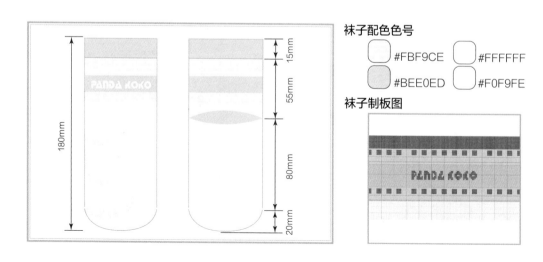

袜子配色色号

☐ #FBF9CE   ☐ #FFFFFF
☐ #BEE0ED   ☐ #F0F9FE

袜子制板图

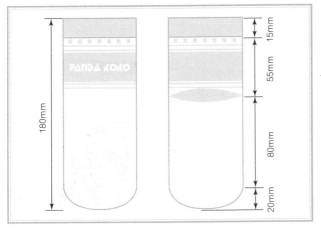

袜子配色色号

#F0F9FE　　#FFFFFF

#BEE0ED

袜子制板图

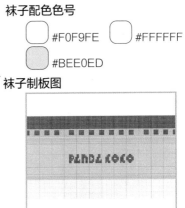

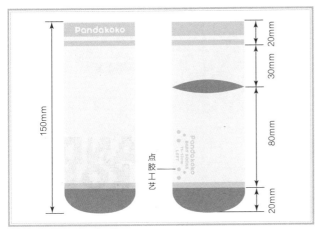

点胶工艺

袜子配色色号

#F2F2F2　　#AFD8D9

#7F99AB

袜子制板图

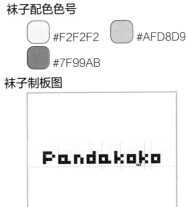

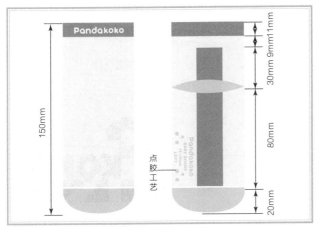

点胶工艺

袜子配色色号

#F2F2F2　　#AFD8D9

#7F99AB

袜子制板图

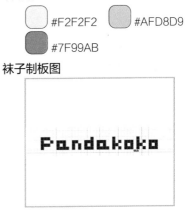

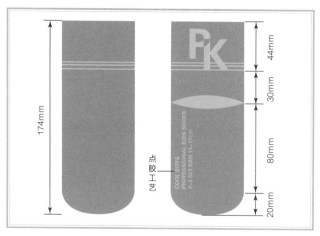

袜子配色色号

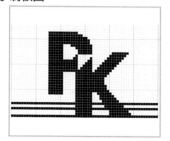

#A2A1A5

#93D0C4

袜子制板图

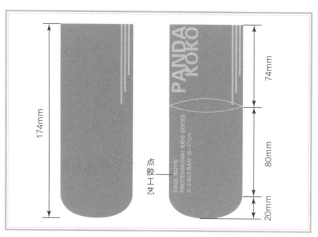

袜子配色色号

#A2A1A5

#93D0C4

袜子制板图

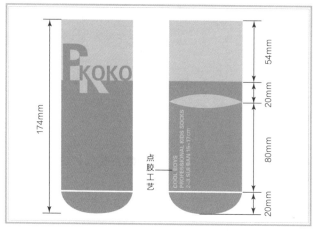

袜子配色色号

#A2A1A5

#93D0C4

袜子制板图

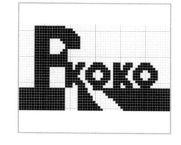

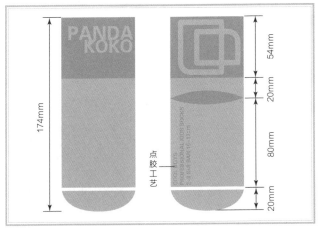

袜子配色色号

#A2A1A5

#D8C78D

袜子制板图

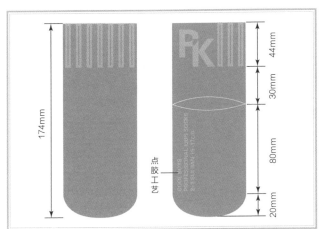

袜子配色色号

#A2A1A5

#D8C78D

袜子制板图

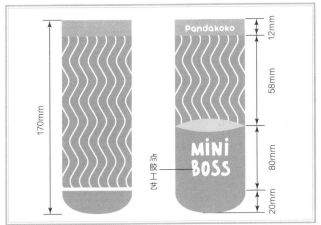

袜子配色色号

#A7AFBA #FFFFFF

#E7D245 #F0E2D5

袜子制板图

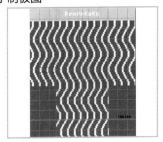

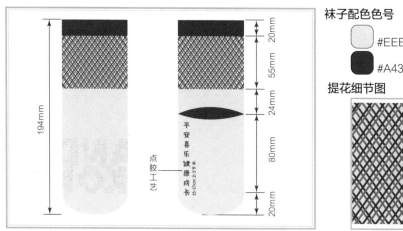

袜子配色色号

#EEECDE　　#3080A1

#A43939

提花细节图

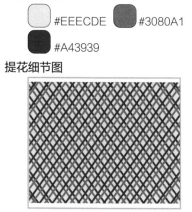

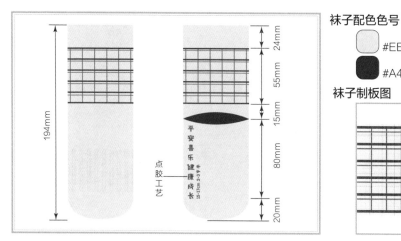

袜子配色色号

#EEECDE　　#3080A1

#A43939

袜子制板图

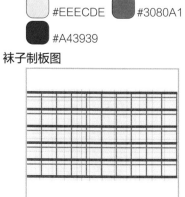

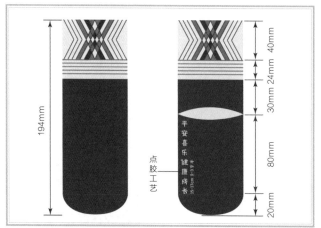

袜子配色色号

#EEECDE　　#3080A1

#A43939

袜子制板图

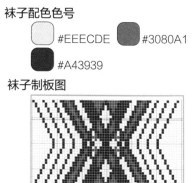

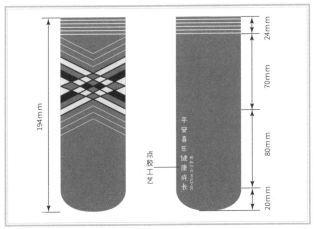

袜子配色色号

#EEECDE #3080A1

#A43939

袜子制板图

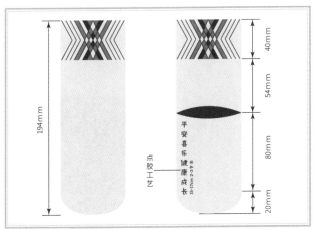

袜子配色色号

#EEECDE #3080A1

#A43939

袜子制板图

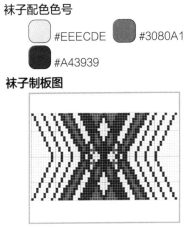

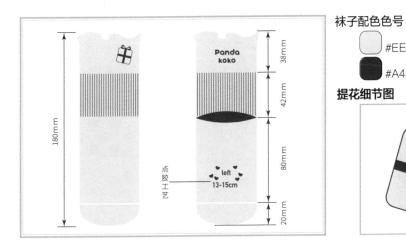

袜子配色色号

#EEECDE

#A43939

提花细节图

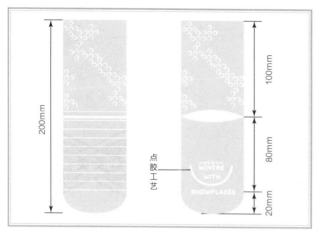

袜子配色色号

#F0E6DA

#FFFFFF

提花细节图

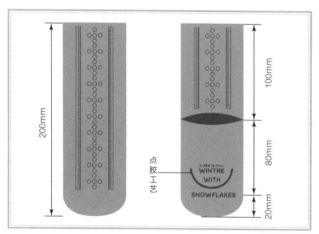

袜子配色色号

#D7B48A

#96693F

袜子制板图

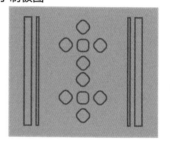

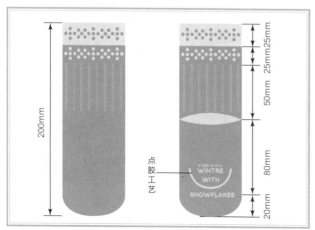

袜子配色色号

#D7B48A

#F0E6DA

袜子制板图

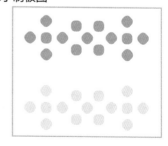

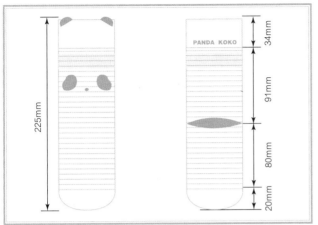

袜子配色色号

#88BDC2　#FFFFFF

#FCF4CA

袜子制板图

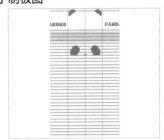

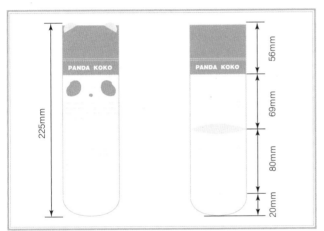

袜子配色色号

#88BDC2　#FFFFFF

#FCF4CA

袜子制板图

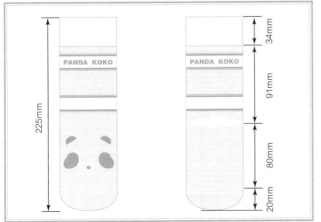

袜子配色色号

#DAEFF6　#FFFFFF

#88BDC2

袜子制板图

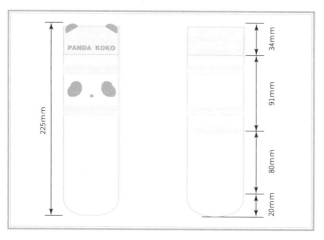

袜子配色色号

#DAEFF6 #FFFFFF
#88BDC2 #FCF4CA

袜子制板图

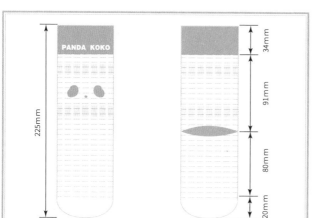

袜子配色色号

#88BDC2 #FFFFFF
#FCF4CA

袜子制板图

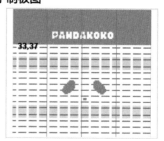

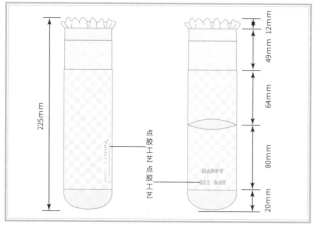

袜子配色色号

#FFFFFF #999999
#FBF2F6 #F1CDDD

刺绣细节图

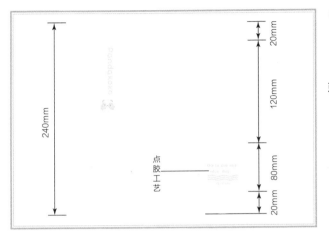

袜子配色色号

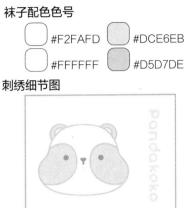

#F2FAFD   #DCE6EB

#FFFFFF   #D5D7DE

刺绣细节图

点胶工艺

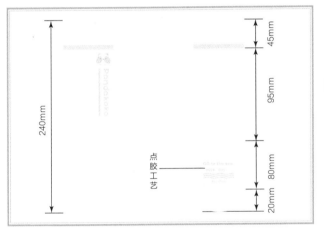

袜子配色色号

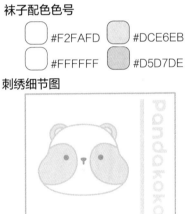

#F2FAFD   #DCE6EB

#FFFFFF   #D5D7DE

刺绣细节图

点胶工艺

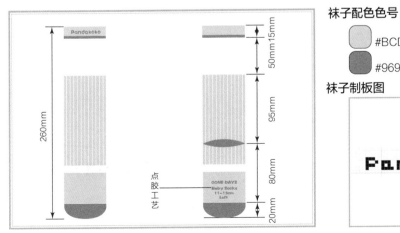

袜子配色色号

#BCDAEA   #FFFFFF

#969696

袜子制板图

点胶工艺

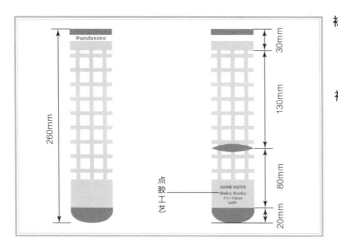

袜子配色色号

#BCDAEA　　#FFFFFF

#969696

袜子制板图

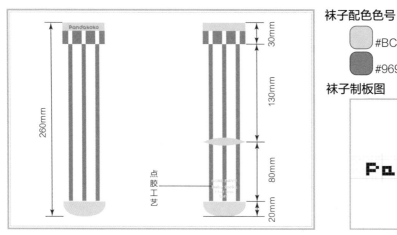

袜子配色色号

#BCDAEA　　#FFFFFF

#969696

袜子制板图

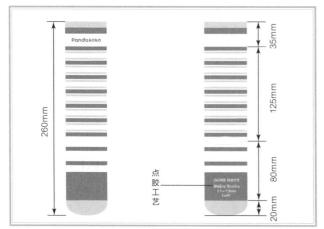

袜子配色色号

#BCDAEA　　#FFFFFF

#969696

袜子制板图

幼儿期

3~4岁

针数：120针

　　这个阶段的宝宝开始上幼儿园，有了极强的探索欲。在设计这个阶段的童袜时，采用精梳棉及活性印染，保证袜子的安全性、舒适性；后跟进行加固设计，增加袜子的耐磨度；袜口采用花边设计及提花、暗花设计，增强美观性；图案益智性设计，让宝宝在日常生活中就能接触不同形状、数字等。

童袜效果图

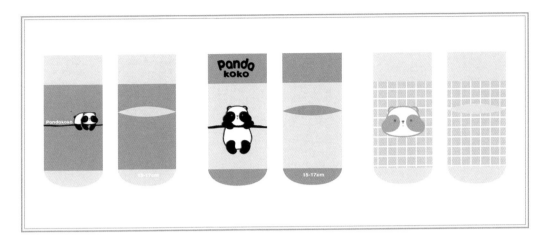

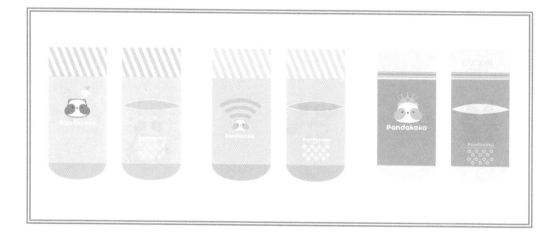

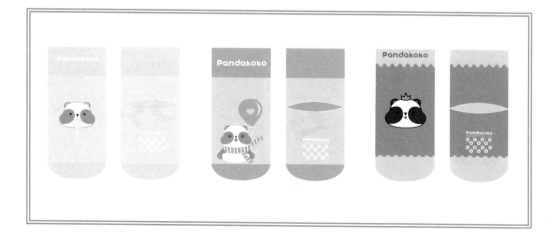

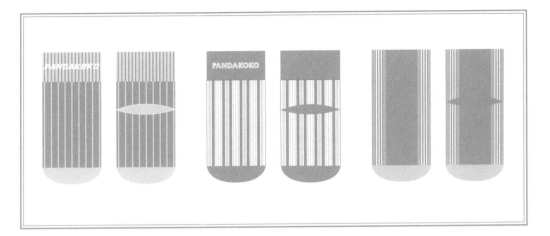

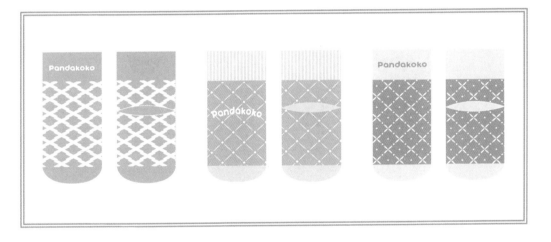

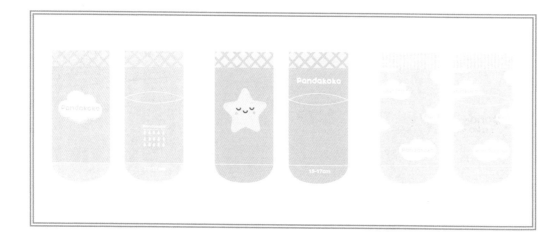

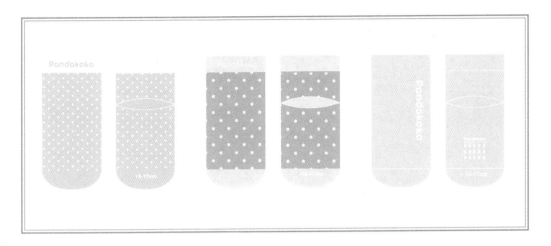

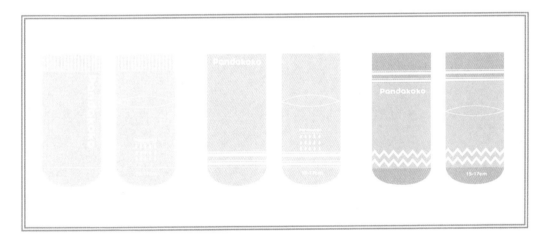

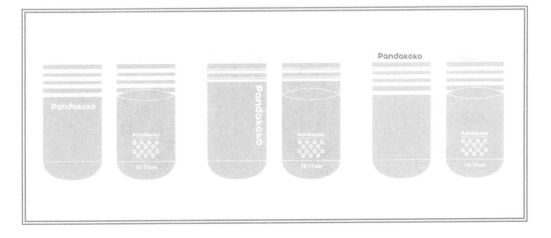

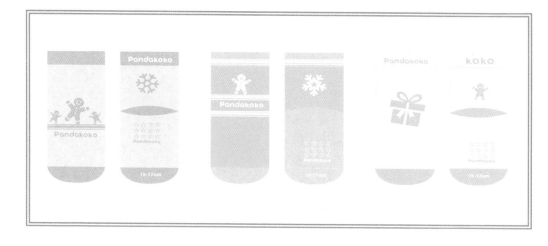

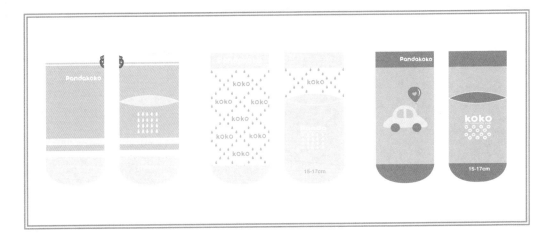

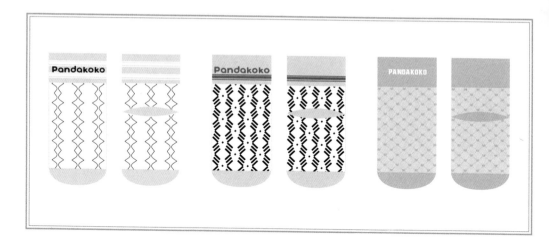

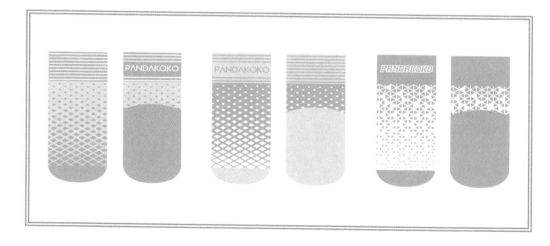

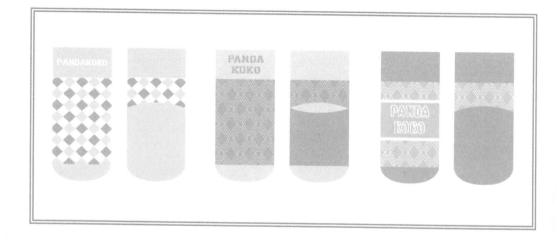

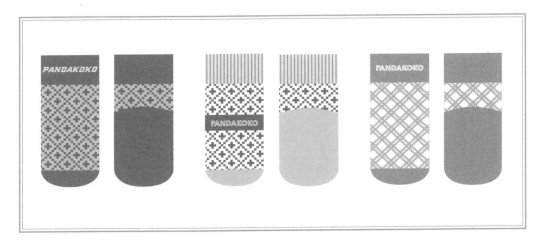

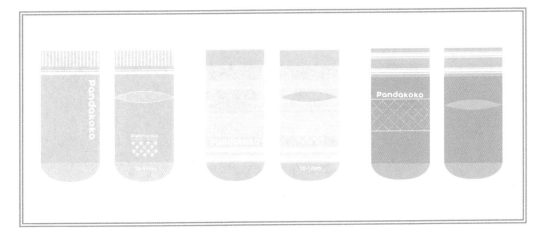

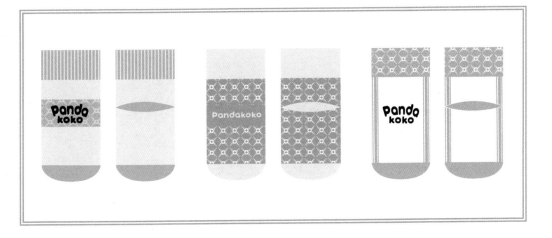

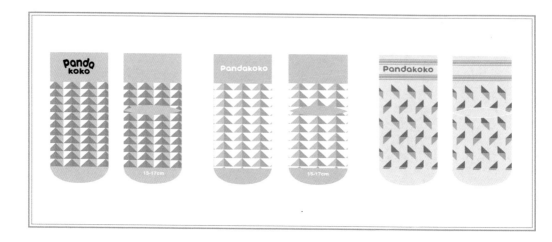

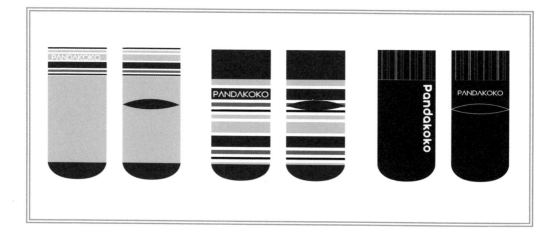

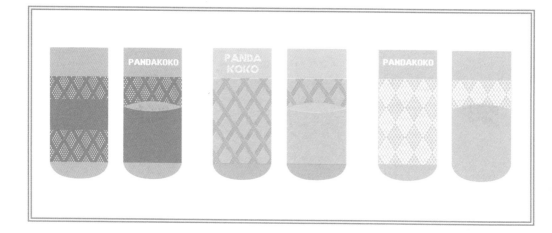

童袜工艺图

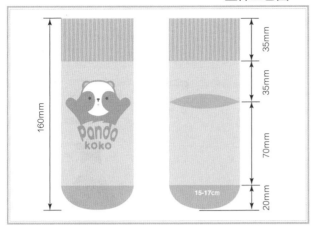

袜子配色色号

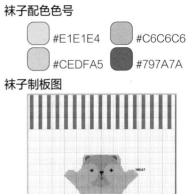

#E1E1E4 #C6C6C6

#CEDFA5 #797A7A

袜子制板图

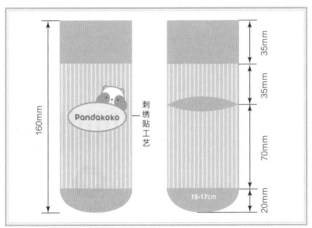

袜子配色色号

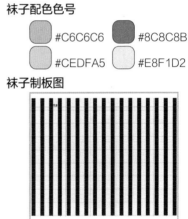

#C6C6C6 #8C8C8B

#CEDFA5 #E8F1D2

袜子制板图

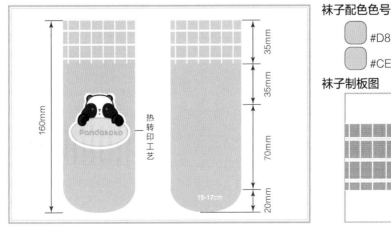

袜子配色色号

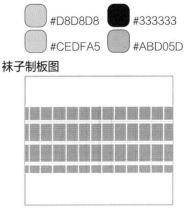

#D8D8D8 #333333

#CEDFA5 #ABD05D

袜子制板图

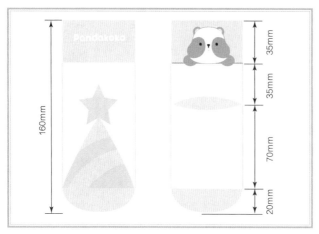

袜子配色色号

#FFFFFF		#C6C6C6	
#F1E9F3		C7E4E0	

袜子制板图

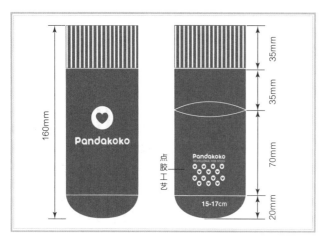

袜子配色色号

#4E67A0

#FFFFFF

袜子制板图

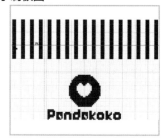

15-17cm

点胶工艺

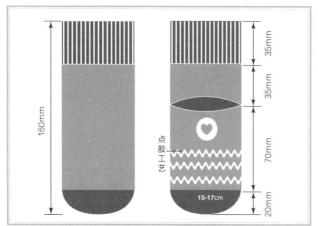

袜子配色色号

#F4A354   #FFFFFF

#4E67A0

袜子制板图

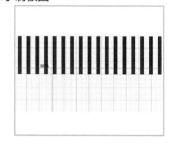

15-17cm

点胶工艺

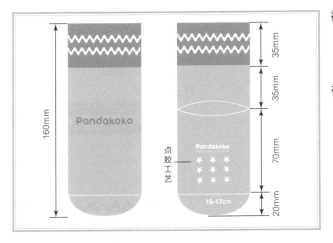

袜子配色色号

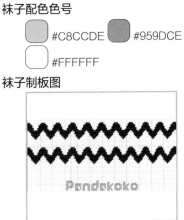

#C8CCDE　#959DCE
#FFFFFF

袜子制板图

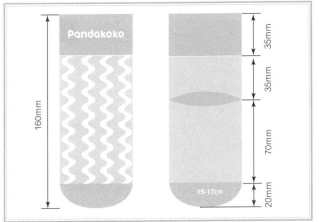

袜子配色色号

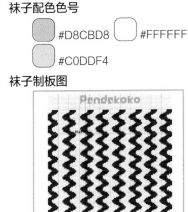

#D8CBD8　#FFFFFF
#C0DDF4

袜子制板图

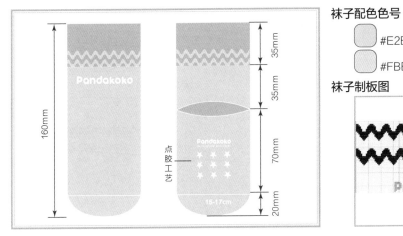

袜子配色色号

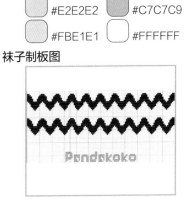

#E2E2E2　#C7C7C9
#FBE1E1　#FFFFFF

袜子制板图

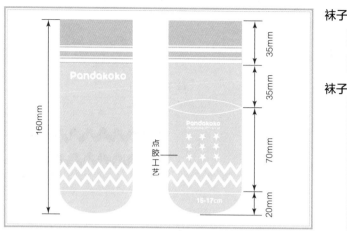

袜子配色色号

■ #D8CBD8		□ #FFFFFF	
■ #C7E4E0			

袜子制板图

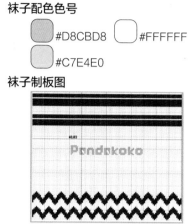

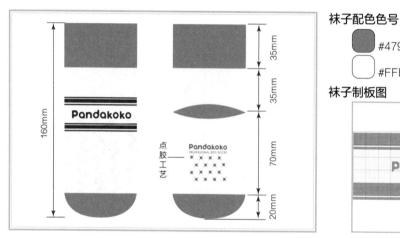

袜子配色色号

■ #479693		■ #254477	
□ #FFFBF5			

袜子制板图

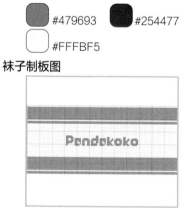

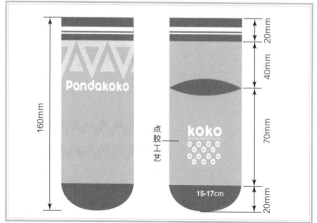

袜子配色色号

■ #7FCCDA		■ #F3EE72	
■ #5B7BB9		□ #FFFFFF	

袜子制板图

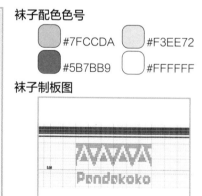

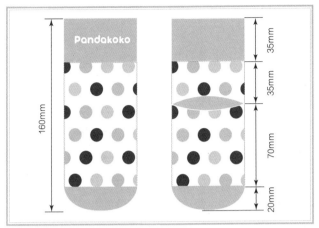

袜子配色色号

袜子制板图

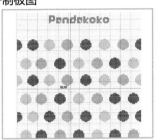

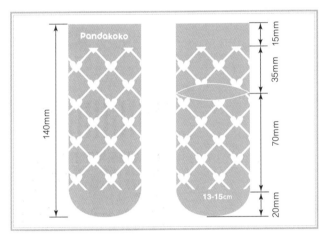

袜子配色色号

袜子制板图

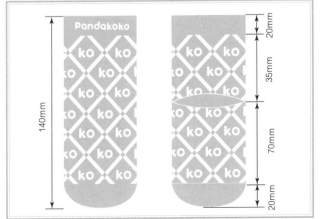

袜子配色色号

袜子制板图

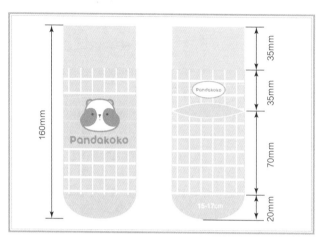

袜子配色色号

#E1E1E4 #B0B0B4
#CEDFA5

袜子制板图

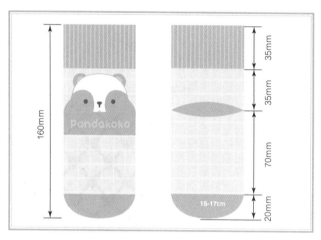

袜子配色色号

#C6C6C6 #8C8C8B
#CEDFA5 #E8F1D2

袜子制板图

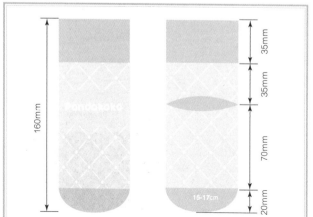

袜子配色色号

#CEDFA5 #FFFFFF
#E8F1D2

袜子制板图

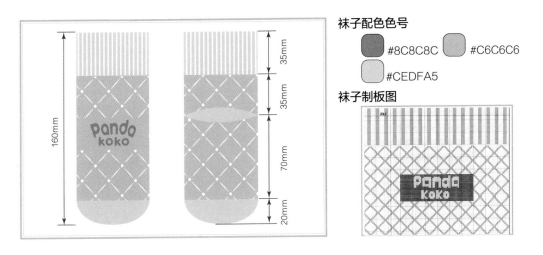

袜子配色色号

#8C8C8C #C6C6C6 #CEDFA5

袜子制板图

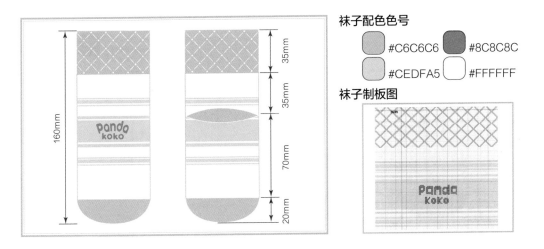

袜子配色色号

#C6C6C6 #8C8C8C #CEDFA5 #FFFFFF

袜子制板图

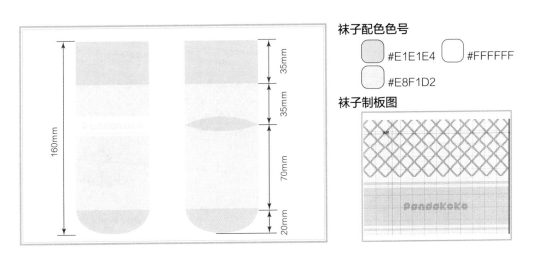

袜子配色色号

#E1E1E4 #FFFFFF #E8F1D2

袜子制板图

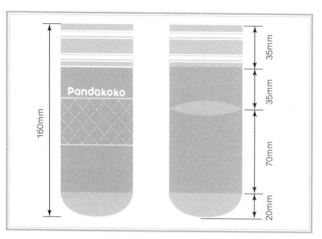

袜子配色色号

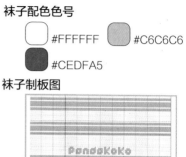

#FFFFFF　#C6C6C6
#CEDFA5

袜子制板图

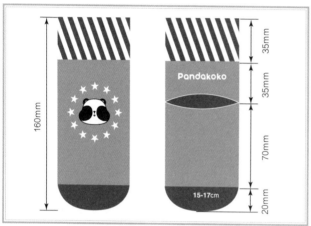

袜子配色色号

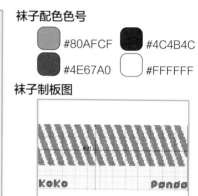

#80AFCF　#4C4B4C
#4E67A0　#FFFFFF

袜子制板图

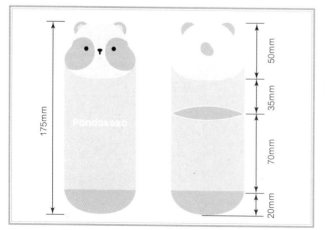

袜子配色色号

#D8D8D8　#FFFFFF
#E8F5FC　#D2EBFA

袜子制板图

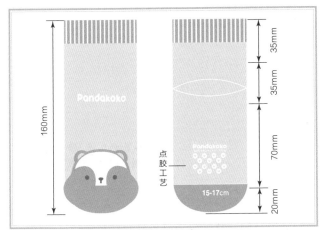

袜子配色色号

#B0B0B4　#FFFFFF

#FBE1E1

袜子制板图

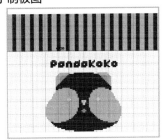

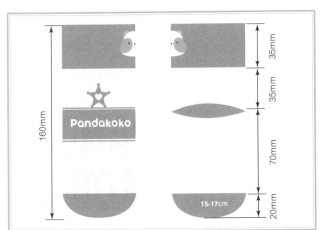

袜子配色色号

#959DCE

#FFFBF5

袜子制板图

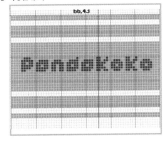

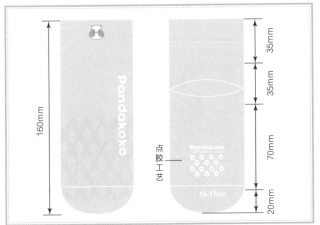

袜子配色色号

#C7E4E0

#FFFFFF

袜子制板图

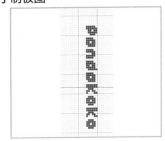

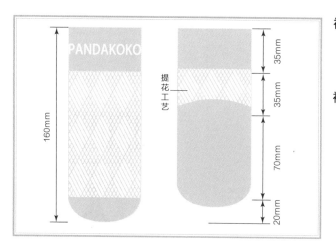

袜子配色色号

	#BDDDEA
	#FFFFFF

袜子制板图

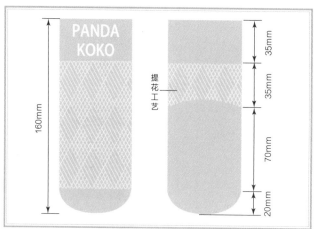

袜子配色色号

	#BDDDEA	#FFFFFF
	D5EDF5	

袜子制板图

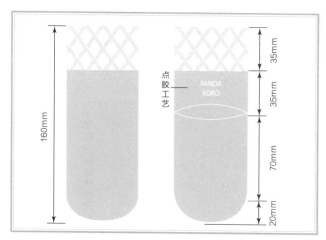

袜子配色色号

	#BDDDEA
	#FFFFFF

袜子制板图

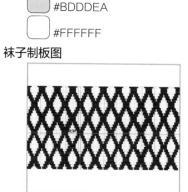

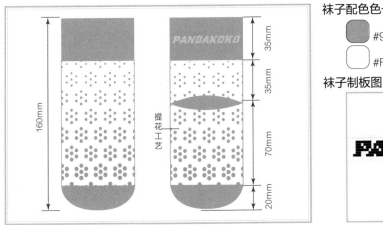

袜子配色色号

#959DCE #89CDC8 #FFFFFF

袜子制板图

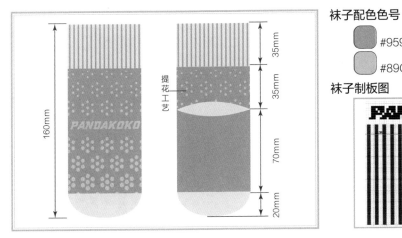

袜子配色色号

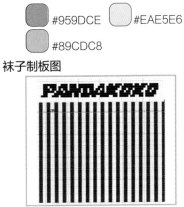

#959DCE #EAE5E6 #89CDC8

袜子制板图

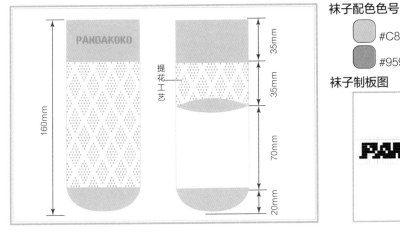

袜子配色色号

#C8CCDE #FFFFFF #959DCE

袜子制板图

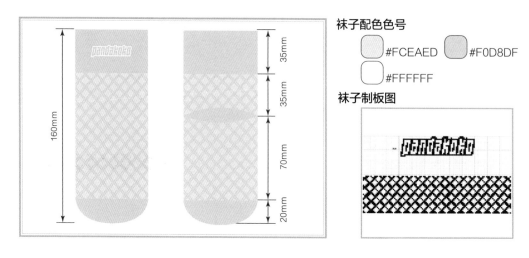

袜子配色色号

#FCEAED   #F0D8DF

#FFFFFF

袜子制板图

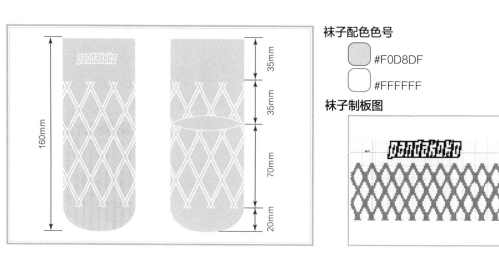

袜子配色色号

#F0D8DF

#FFFFFF

袜子制板图

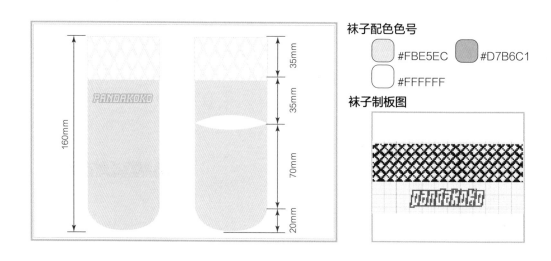

袜子配色色号

#FBE5EC   #D7B6C1

#FFFFFF

袜子制板图

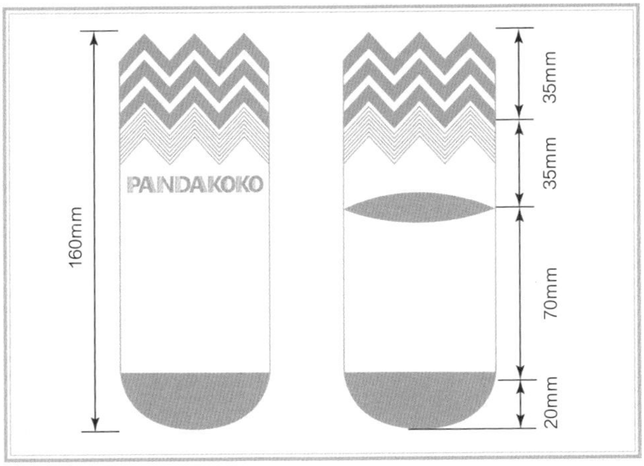

袜子配色色号

#91A6D5

#FFFFFF

袜子制板图

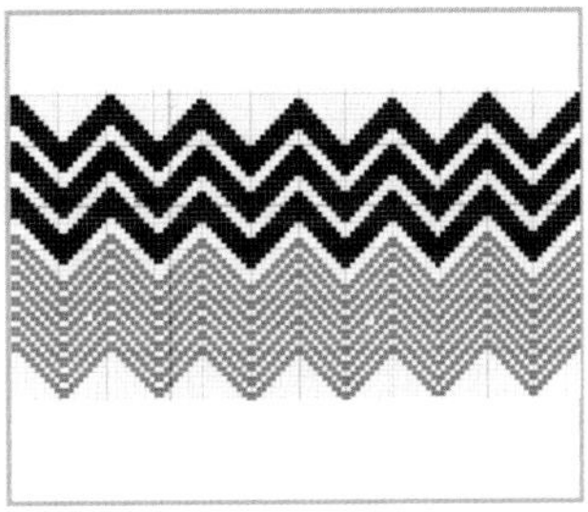

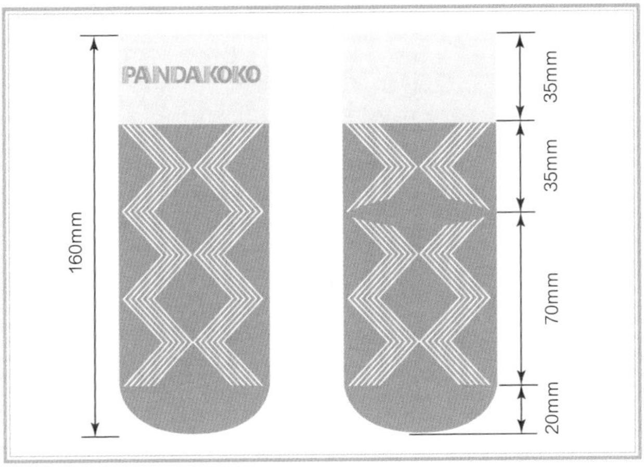

袜子配色色号

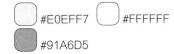

#E0EFF7 #FFFFFF

#91A6D5

袜子制板图

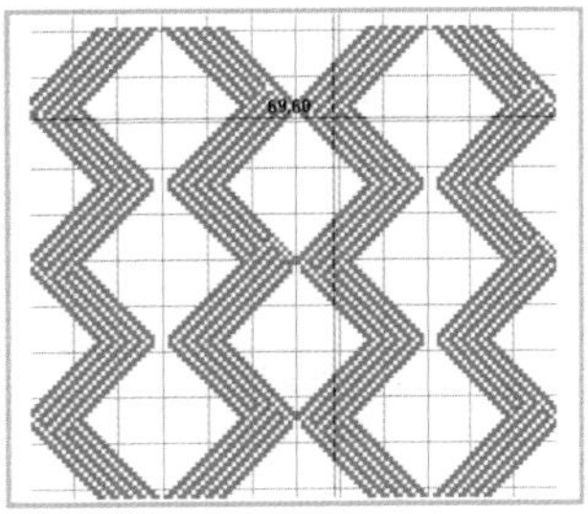

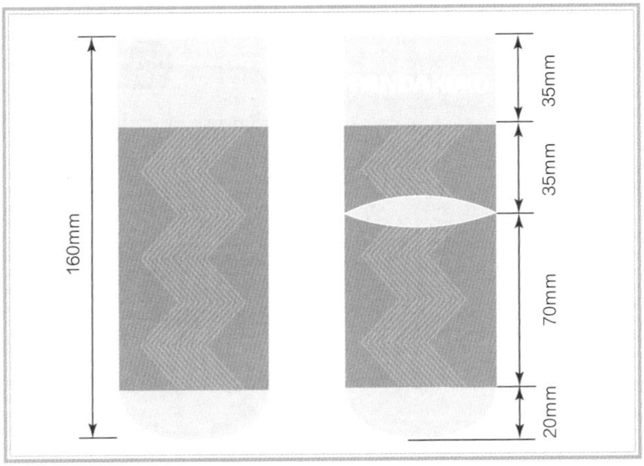

袜子配色色号

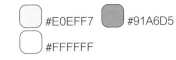

#E0EFF7 #91A6D5

#FFFFFF

袜子制板图

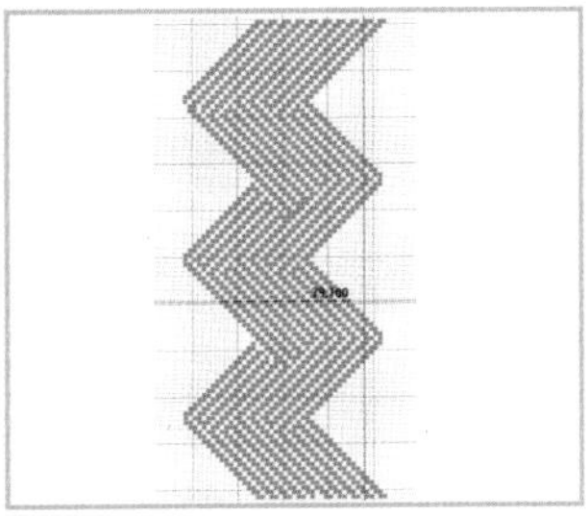

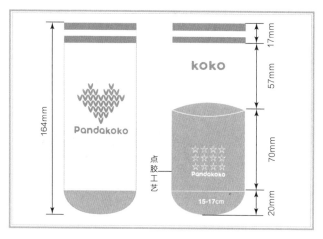

袜子配色色号

袜子制板图

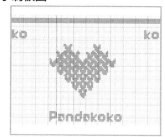

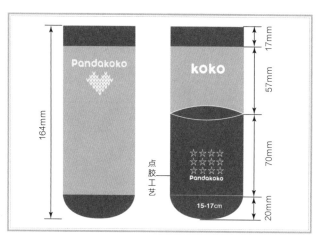

袜子配色色号

袜子制板图

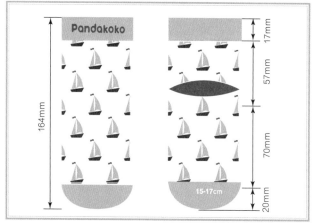

袜子配色色号

袜子制板图

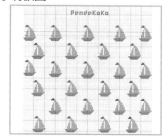

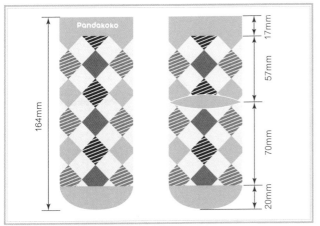

袜子配色色号

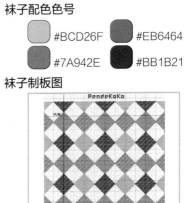

#BCD26F #EB6464
#7A942E #BB1B21

袜子制板图

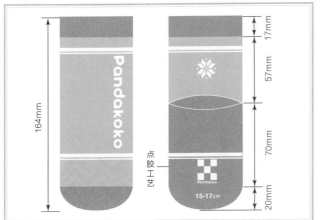

袜子配色色号

#BCD26F #FFFFFF
#99A669

点胶工艺

15-17cm

袜子制板图

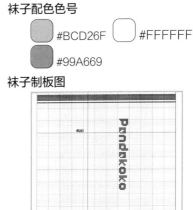

袜子配色色号

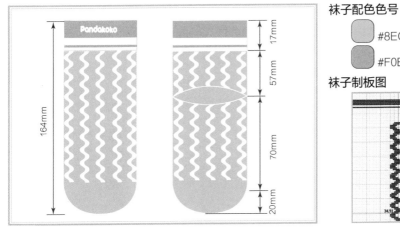

#8ECFC8 #FFFFFF
#F0B289

袜子制板图

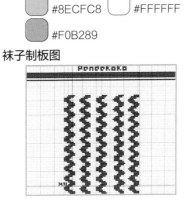

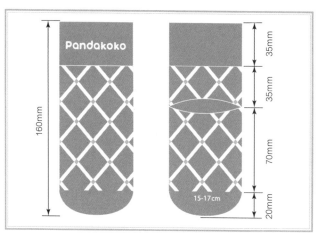

袜子配色色号

袜子制板图

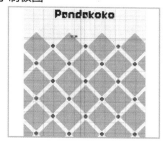

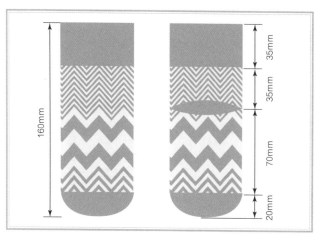

袜子配色色号

袜子制板图

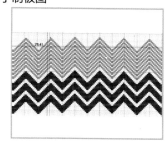

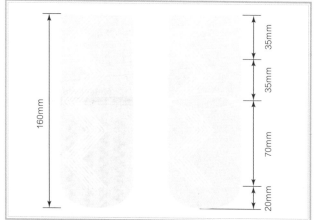

袜子配色色号

#E0EFF7

#FFFFFF

袜子制板图

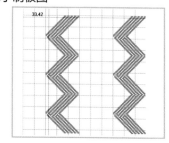

4~5岁

针数：120针

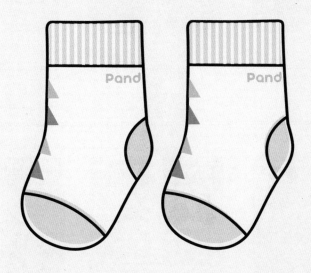

　　这个阶段的宝宝富有较强的学习能力，童袜在设计中除了舒适性、美观性及保暖性的考虑外；还应注重教育性、益智性的设计。后跟采用立体设计，使袜跟更贴合双脚；袜口采用提花及暗花工艺，让袜子更美观；颜色设计上也比之前年龄阶段的童袜更加艳丽、多变；图案的设计更多的考虑到益智性及教育性。

童袜效果图

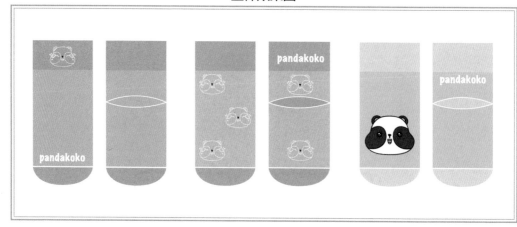

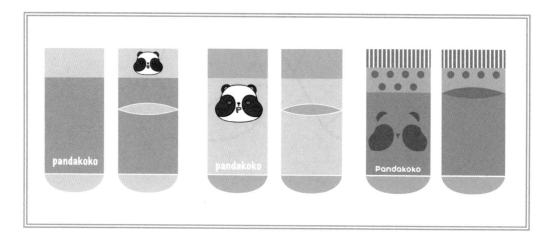

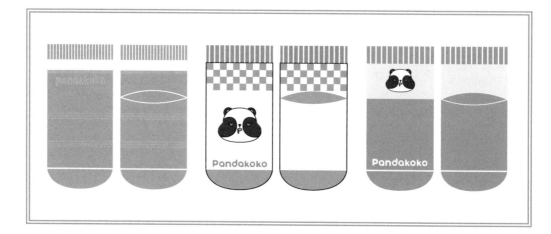

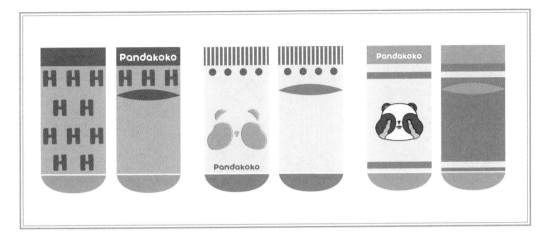

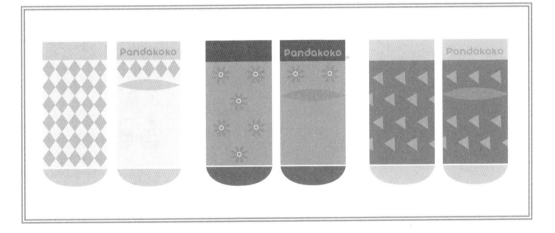

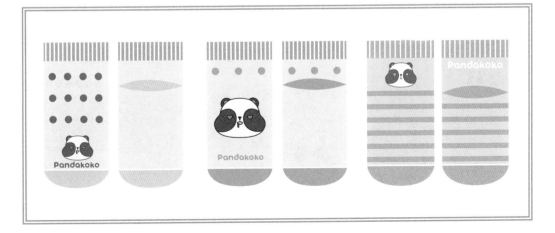

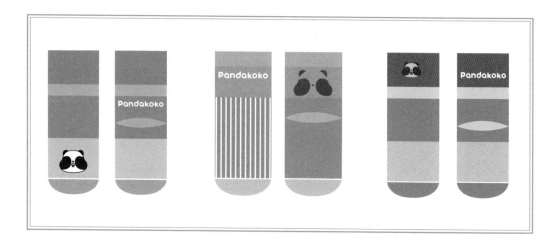

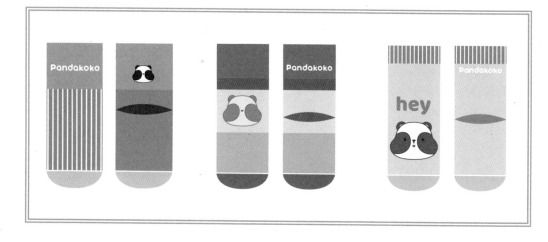

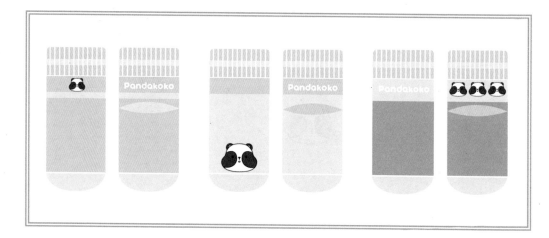

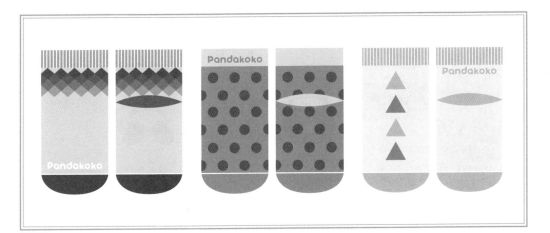

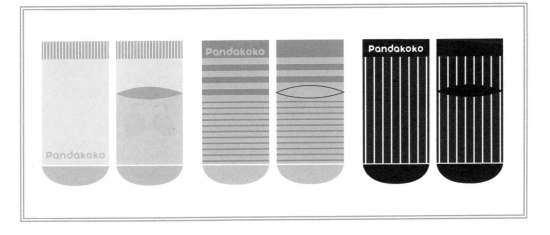

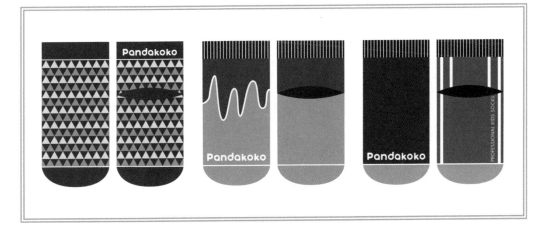

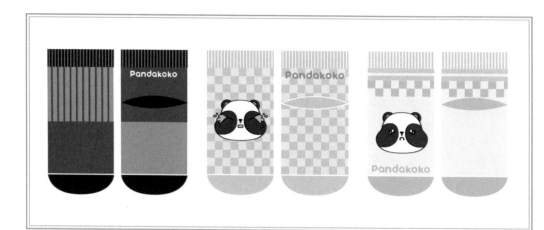

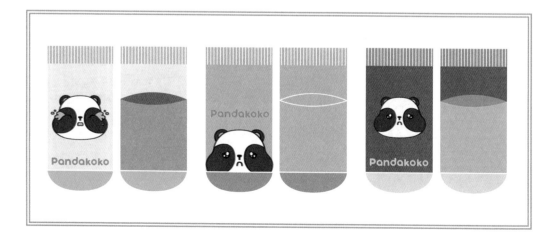

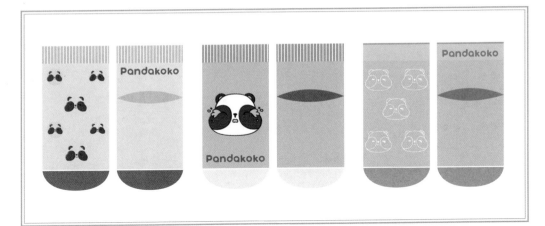

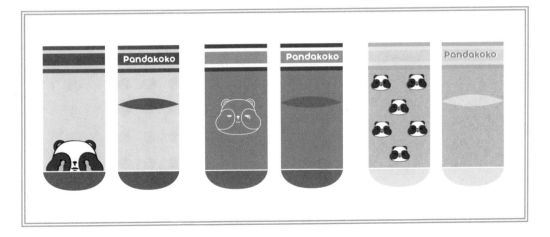

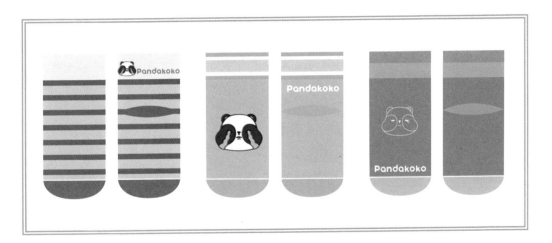

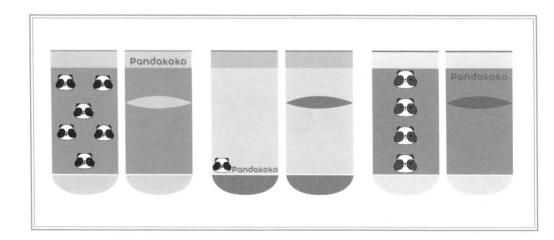

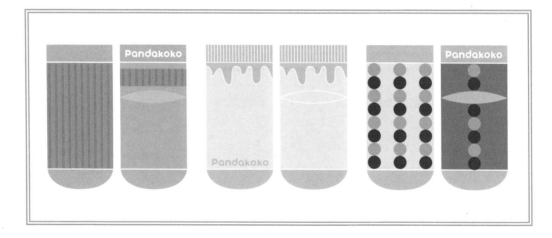

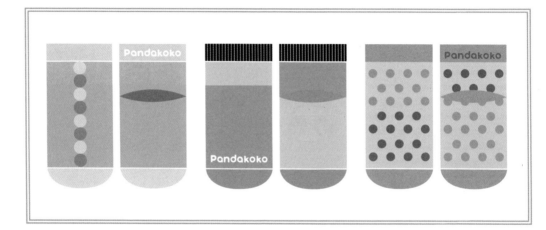

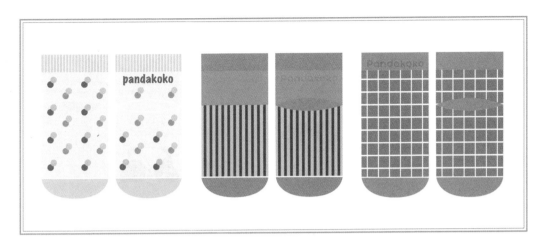

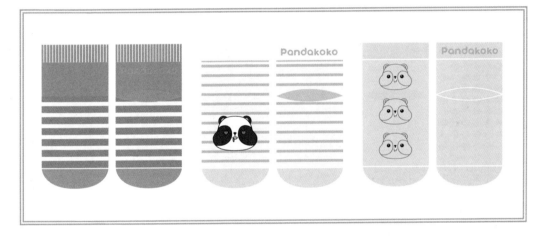

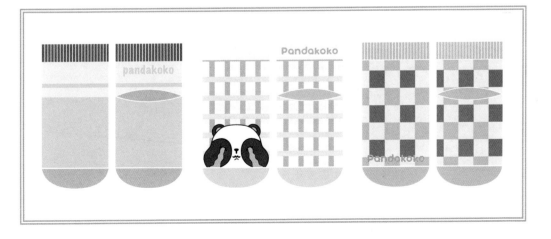

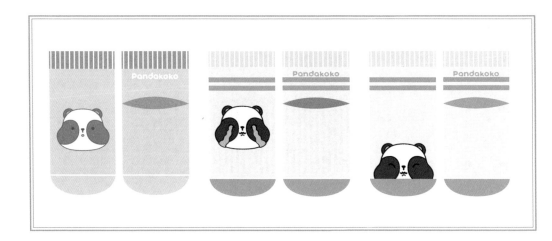

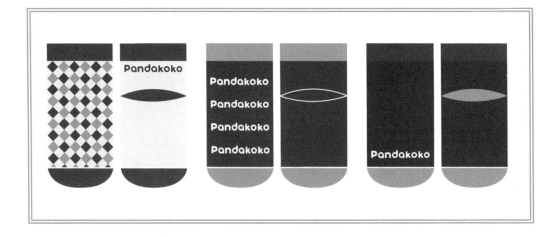

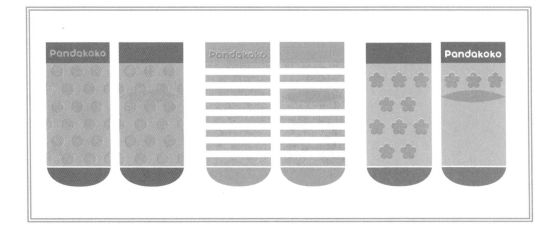

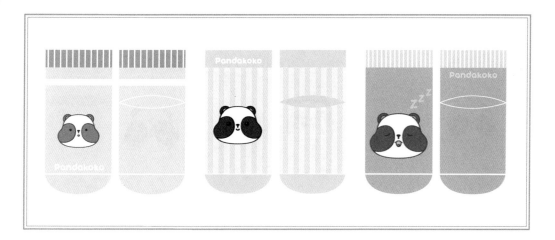

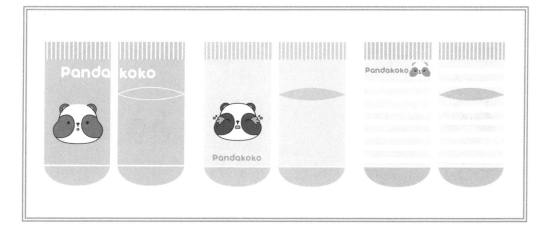

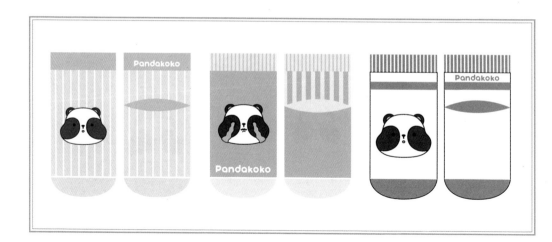

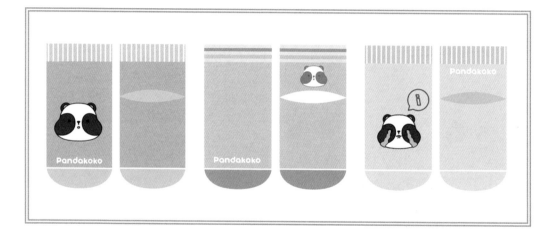

童袜工艺图

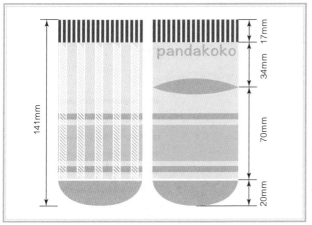

袜子配色色号

■ #ECCA54		■ #E9E8E8	
■ #AAA2D3		■ #CD573D	

袜子制板图

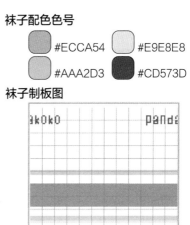

袜子配色色号

■ #ECCA54	■ #E9E8E8	
■ #CD573D		

袜子制板图

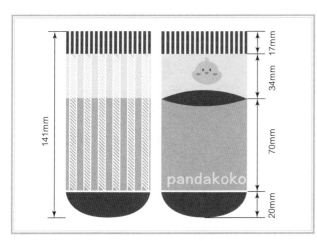
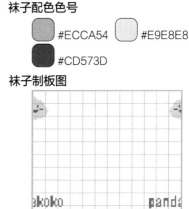

袜子配色色号

■ #ECCA54		■ #E9E8E8	
■ #AAA2D3		■ #CD573D	

袜子制板图

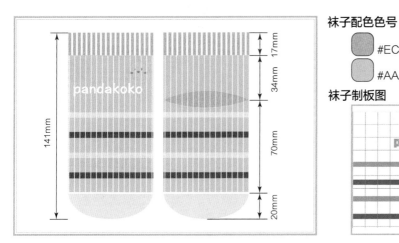
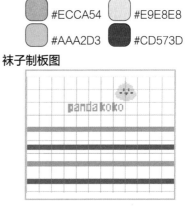

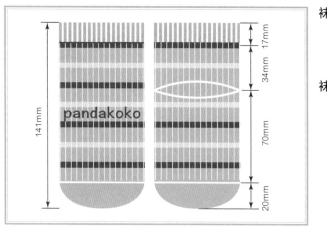

袜子配色色号

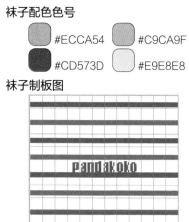

#ECCA54 #C9CA9F

#CD573D #E9E8E8

袜子制板图

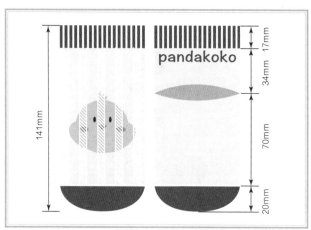

袜子配色色号

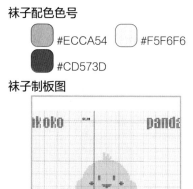

#ECCA54 #F5F6F6

#CD573D

袜子制板图

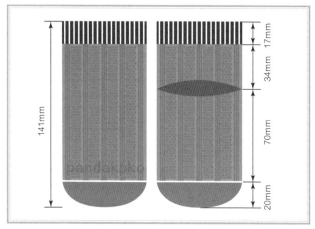

袜子配色色号

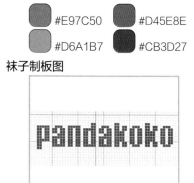

#E97C50 #D45E8E

#D6A1B7 #CB3D27

袜子制板图

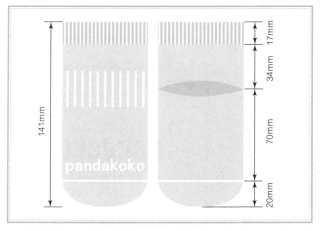

袜子配色色号

#D4E4E2　　#AAD2D3

#FFFFFF

袜子制板图

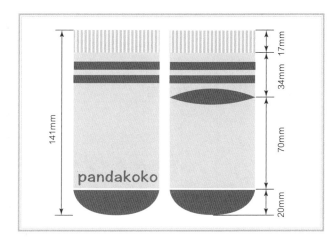

袜子配色色号

#D4E4E2　　#AAD2D3

#D45E8E

袜子制板图

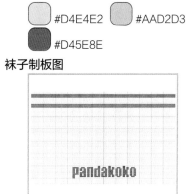

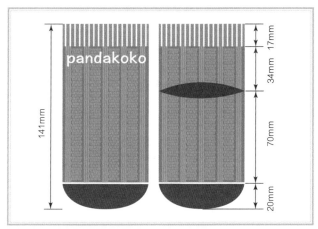

袜子配色色号

#37579D　　#7183B4

#6397BF　　#FFFFFF

袜子制板图

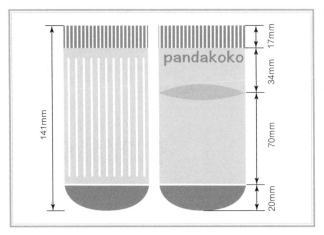

袜子配色色号

#D4E4E2　#AAD2D3

#D59AA5

袜子制板图

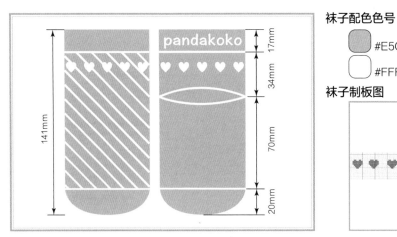

袜子配色色号

#E5C6CB

#FFFFFF

袜子制板图

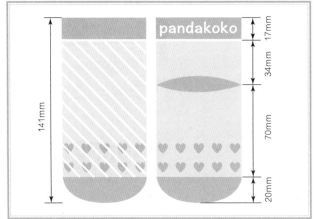

袜子配色色号

#F2EDE8　#D9CBC4

#E5C6CB　#FFFFFF

袜子制板图

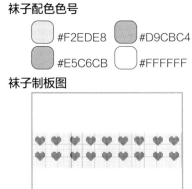

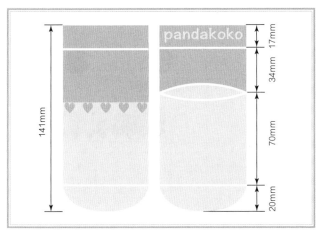

袜子配色色号

■ #F2EDE8

■ #E5C6CB

袜子制板图

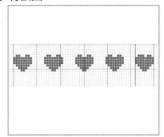

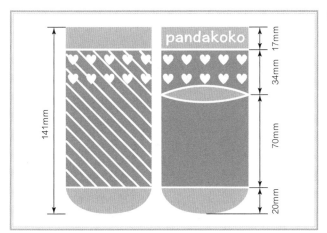

袜子配色色号

■ #E5C6CB　　■ #D7A5AC

□ #FFFFFF

袜子制板图

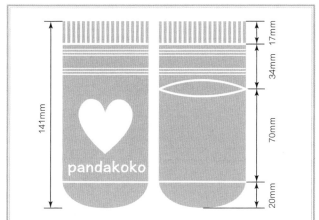

袜子配色色号

■ #E5C6CB

□ #FFFFFF

袜子制板图

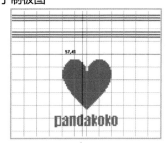

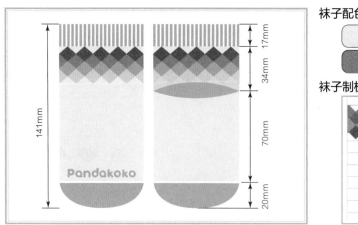

袜子配色色号

#EFEEEE #CADBC0
#7A9B63 #557C3B

袜子制板图

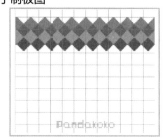

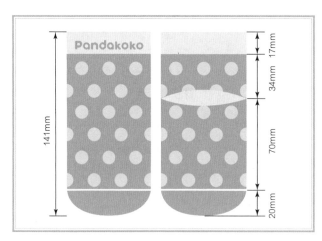

袜子配色色号

#EFEEEE #D0E6C1
#9CBF86

袜子制板图

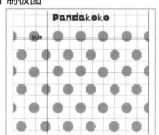

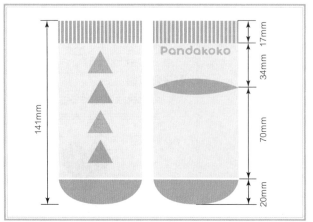

袜子配色色号

#EFEEEE #9CBF86
#EDBDBD

袜子制板图

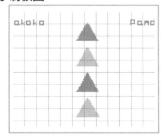

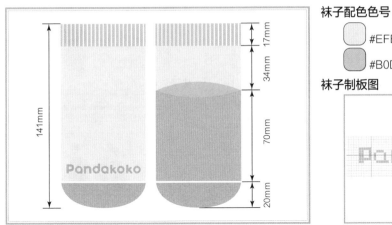

袜子配色色号

#EFEEEE #EDBDBD
#B0D694 #CFC0D9

袜子制板图

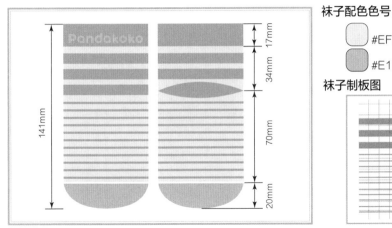

袜子配色色号

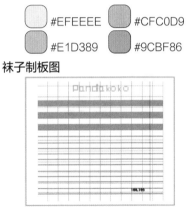

#EFEEEE #CFC0D9
#E1D389 #9CBF86

袜子制板图

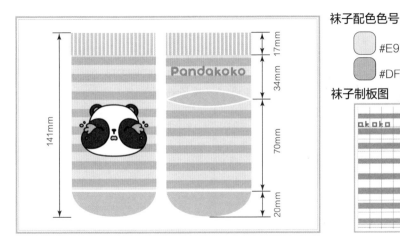

袜子配色色号

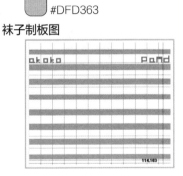

#E9E9E9 #8DD1DD
#DFD363

袜子制板图

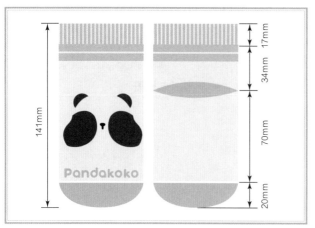

袜子配色色号

	#F1F1F1		#4C4B4C
	#8DD1DD		#DFD363

袜子制板图

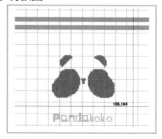

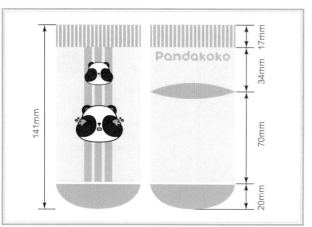

袜子配色色号

	#F1F1F1		#8DD1DD
	#DFD363		

袜子制板图

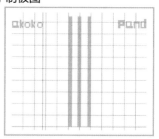

袜子配色色号

	#F1F1F1		#8DD1DD
	#DFD363		

袜子制板图

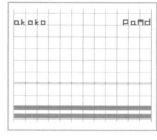

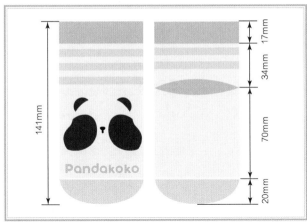

袜子配色色号

⬜	#F3F3F3	⬜	#A9D1D2
⬛	#4C4B4C	⬜	#D4E3E1

袜子制板图

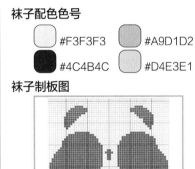

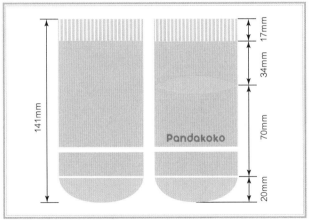

袜子配色色号

⬜	#DED2E0	⬜	#CDDDDB
⬜	#FFFFFF	⬜	#AC91AF

袜子制板图

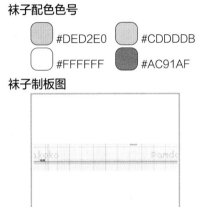

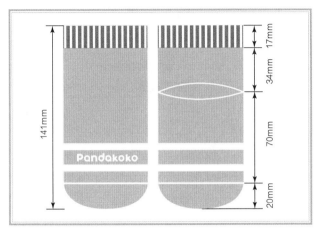

袜子配色色号

⬜	#E8CDB4	⬜	#FFFFFF
⬜	#C9848A		

袜子制板图

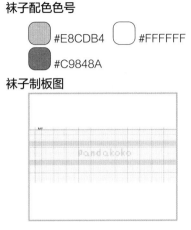

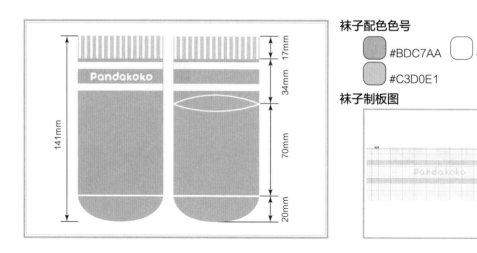

袜子配色色号

- #BDC7AA
- #FFFFFF
- #C3D0E1

袜子制板图

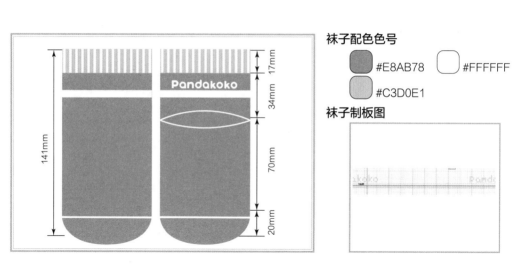

袜子配色色号

- #E8AB78
- #FFFFFF
- #C3D0E1

袜子制板图

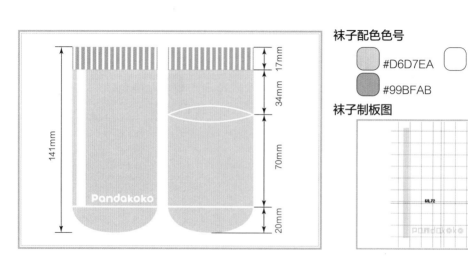

袜子配色色号

- #D6D7EA
- #FFFFFF
- #99BFAB

袜子制板图

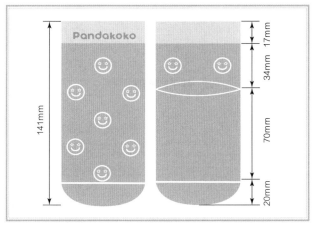

袜子配色色号

#B2BEDD　#E3E5E4　#FFFFFF

袜子制板图
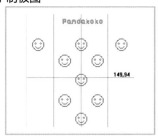

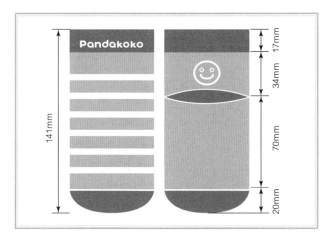

袜子配色色号

#B2BEDD　#6D81AD　#FFFFFF

袜子制板图
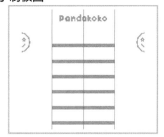

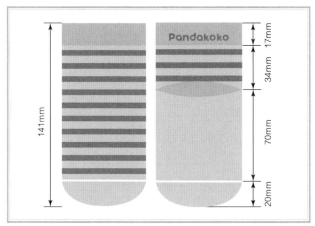

袜子配色色号

#C5D8D3　#A2C6C8　#5F8D8D

袜子制板图
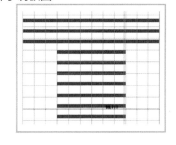

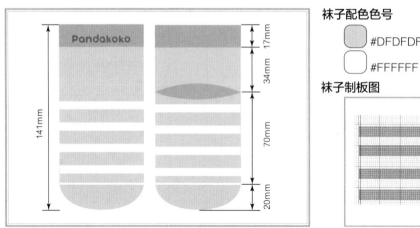

袜子配色色号

#DFDFDF		#A2C6C8	
#FFFFFF		#5F8D8D	

袜子制板图

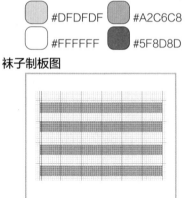

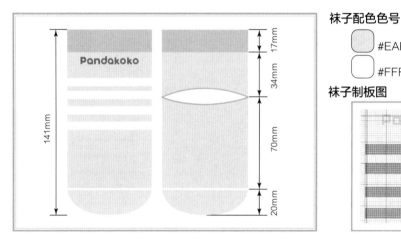

袜子配色色号

#EAE8F2		#BDD3E4	
#FFFFFF		#5F8D8D	

袜子制板图

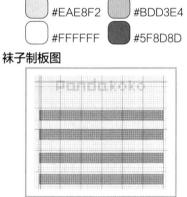

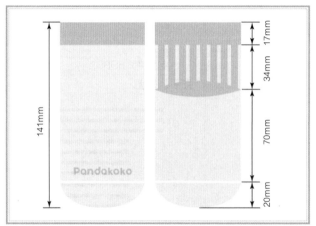

袜子配色色号

#F4F3DD	
#DBD7A4	

袜子制板图

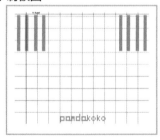

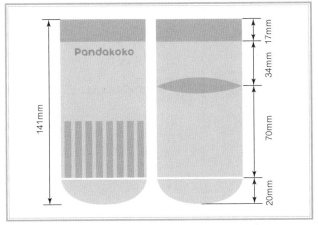

袜子配色色号

#B2C6A9

#CFE1C8

袜子制板图

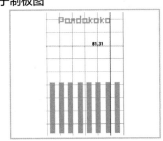

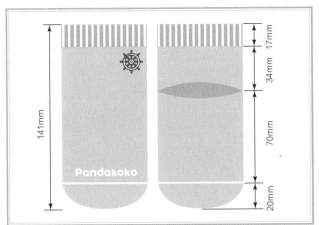

袜子配色色号

#CEDEDC   #A1C7C1

#FFFFFF

袜子制板图

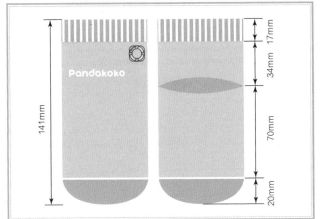

袜子配色色号

#CEDEDC   #A1C7C1

#FFFFFF

袜子制板图

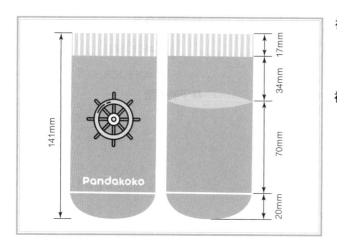

袜子配色色号

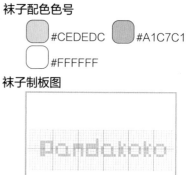

#CEDEDC　#A1C7C1
#FFFFFF

袜子制板图

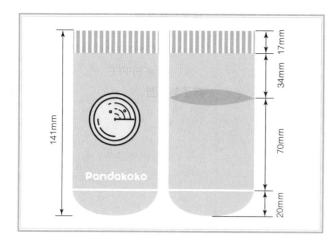

袜子配色色号

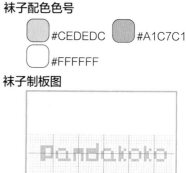

#CEDEDC　#A1C7C1
#FFFFFF

袜子制板图

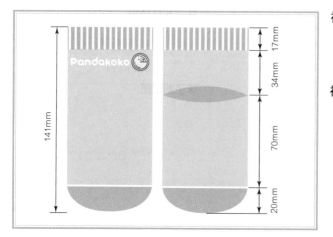

袜子配色色号

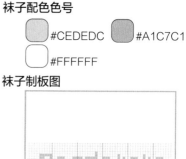

#CEDEDC　#A1C7C1
#FFFFFF

袜子制板图

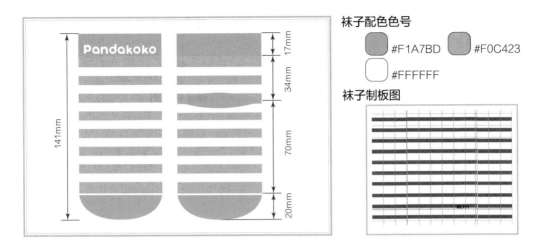

袜子配色色号

#F1A7BD   #F0C423

#FFFFFF

袜子制板图

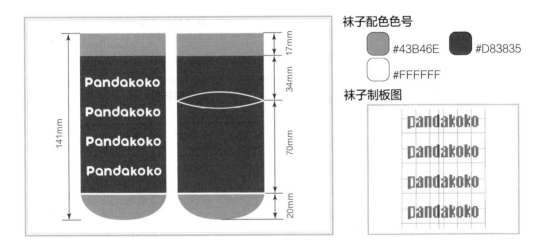

袜子配色色号

#43B46E   #D83835

#FFFFFF

袜子制板图

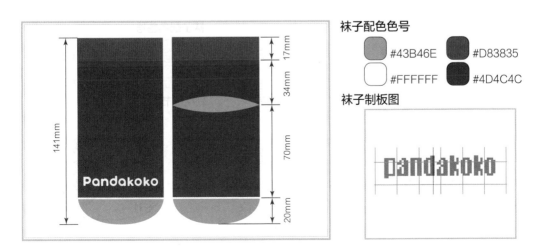

袜子配色色号

#43B46E   #D83835

#FFFFFF   #4D4C4C

袜子制板图

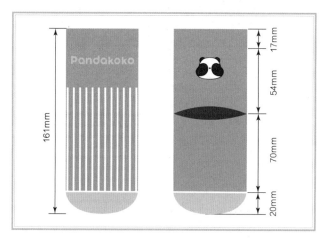

袜子配色色号

袜子制板图

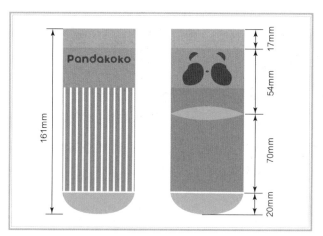

袜子配色色号

刺绣细节图

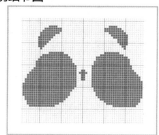

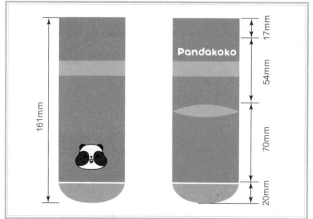

袜子配色色号

刺绣细节图

学 龄 前 期

5~6 岁

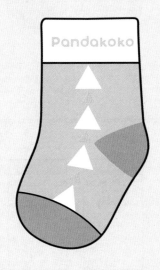

Pandakoko

这个阶段是宝宝的学龄前时期，童袜的设计颜色要更加明艳、欢快；图案的设计要富有趣味性，更加注重益智性和认知性；袜跟采用立体后跟的设计，使袜子更加贴合双脚；提花和暗花工艺也设计得更为复杂；面料选取安全的精梳棉；高弹的罗纹袜口设计，不勒脚的同时又能防止袜子脱落。

童袜效果图

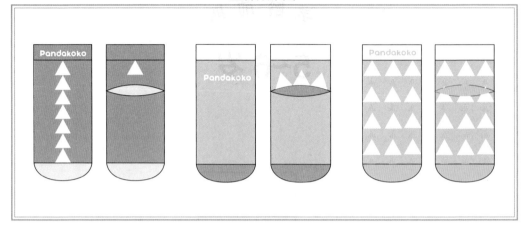

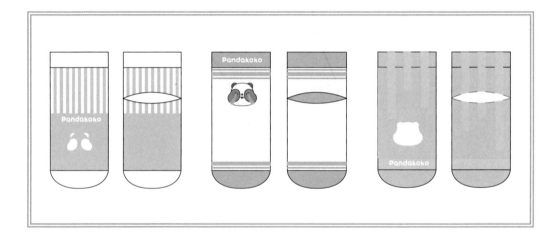

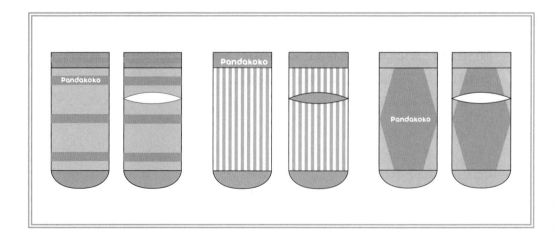

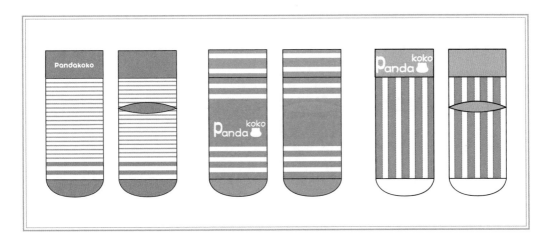

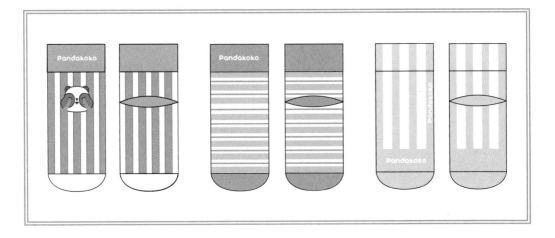

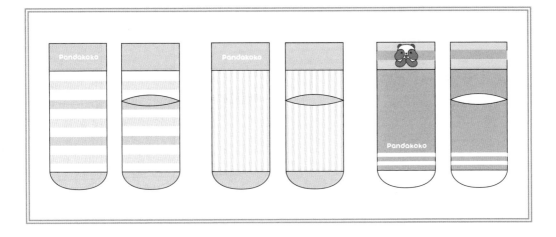

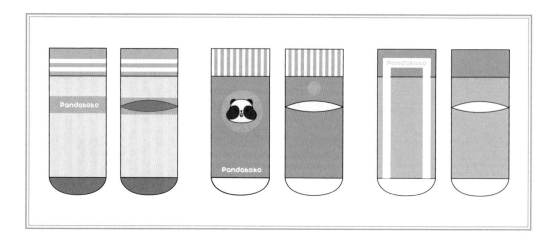

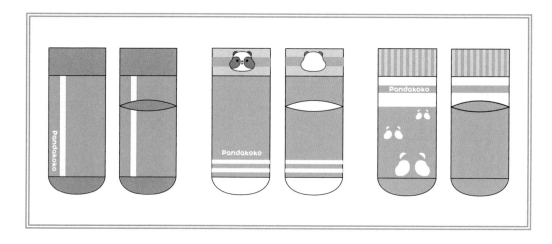

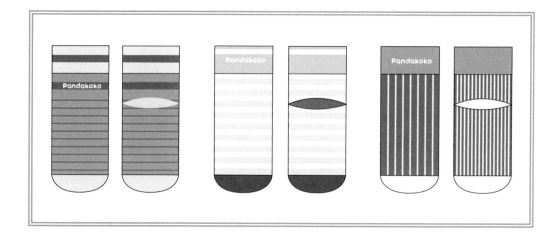

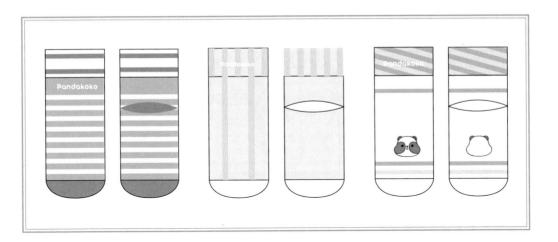
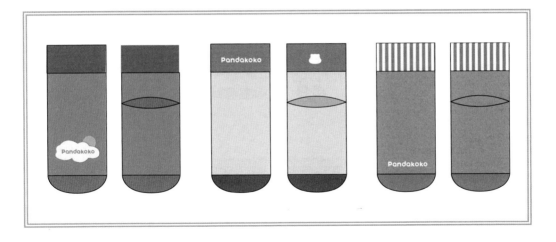
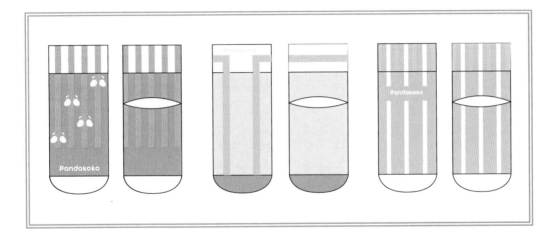

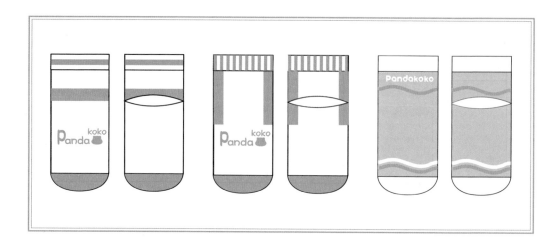

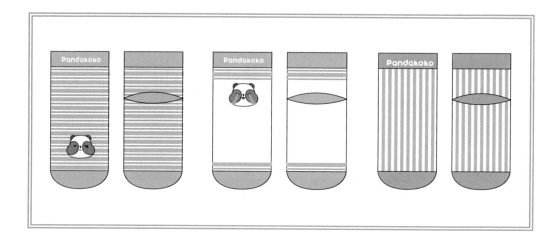

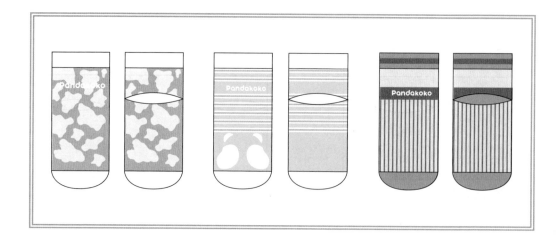

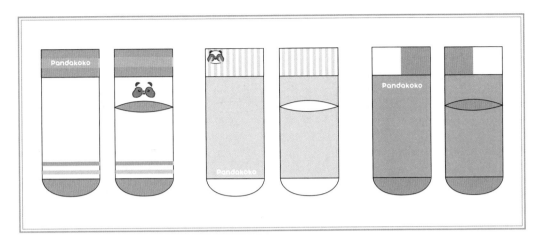

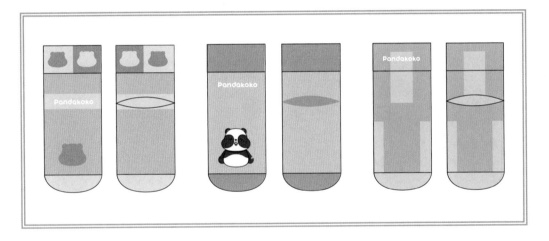

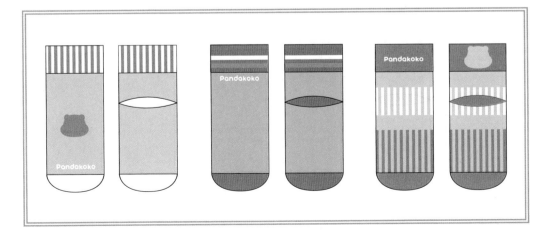

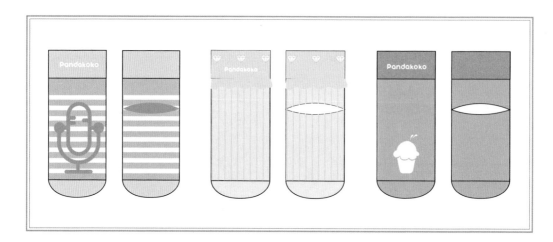

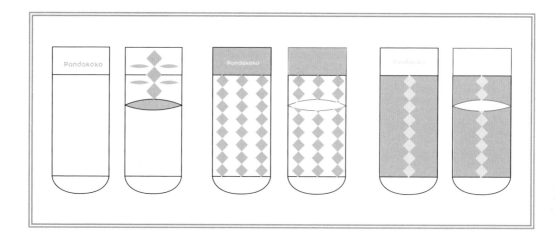

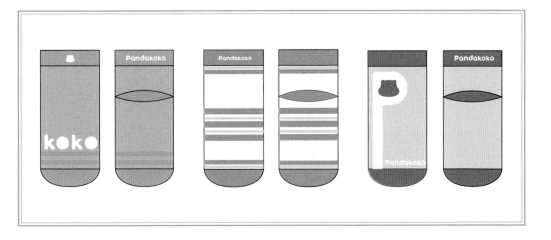

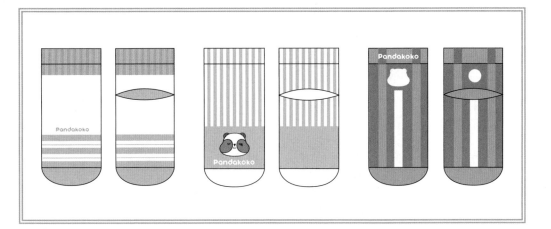

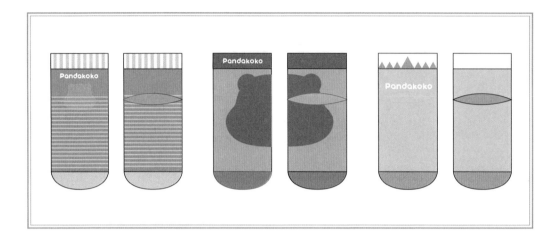

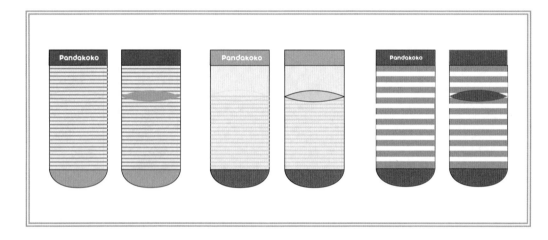

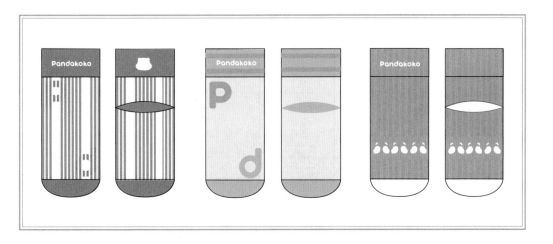

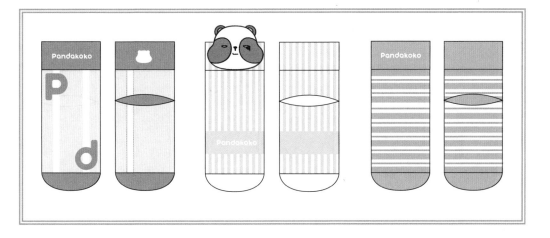

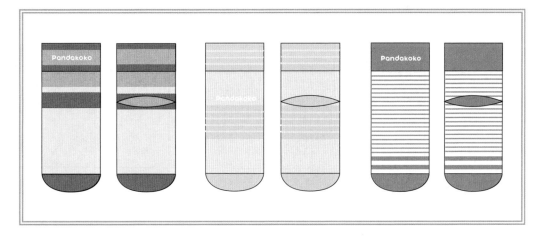

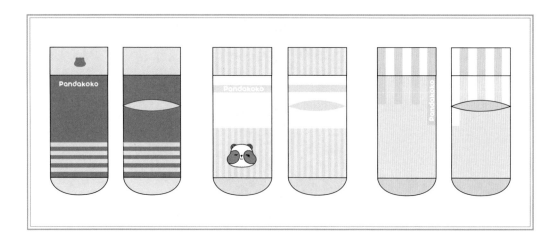

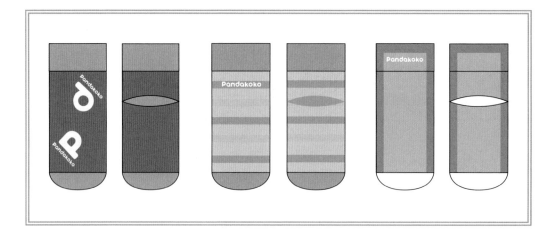

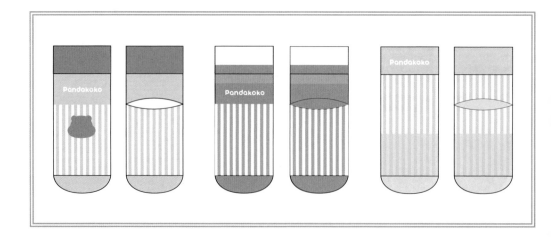

童袜工艺图

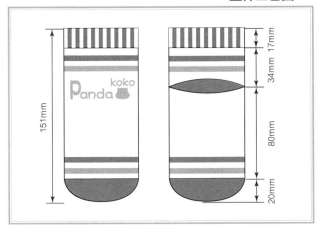

#FFFFFF　#3C8DCC

#F5C634

袜子制板图

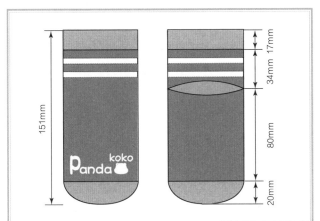

袜子配色色号

#FFFFFF　#3C8DCC

#F5C634

袜子制板图

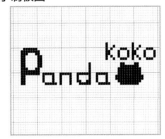

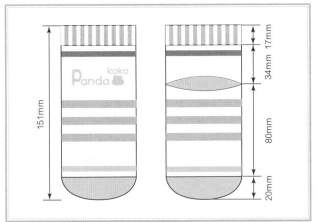

袜子配色色号

#FFFFFF　#3C8DCC

#F5C634　#D8D8D8

袜子制板图

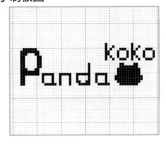

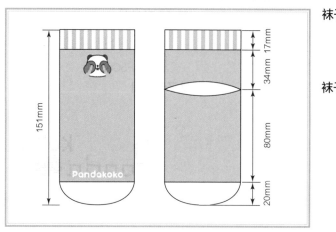

袜子配色色号

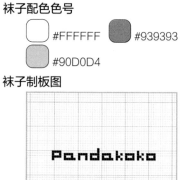

袜子制板图

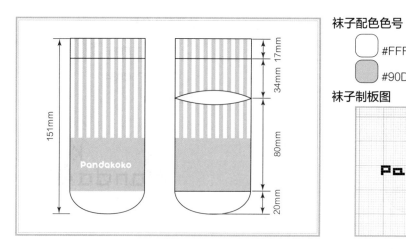

袜子配色色号

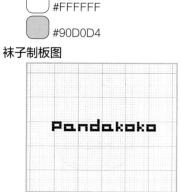

袜子制板图

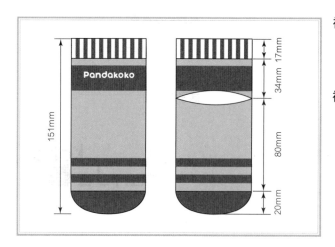

袜子配色色号

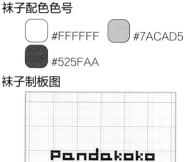

袜子制板图

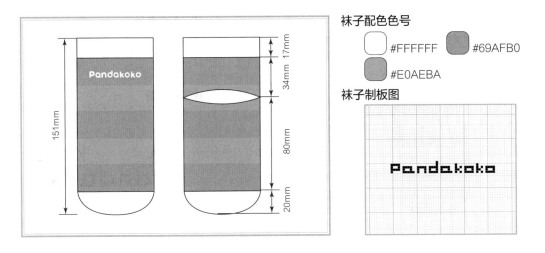

袜子配色色号

⬜ #FFFFFF　　🟦 #69AFB0

🟫 #E0AEBA

袜子制板图

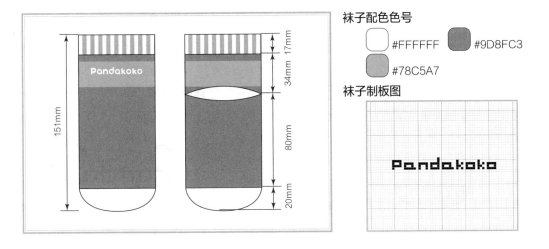

袜子配色色号

⬜ #FFFFFF　　🟦 #9D8FC3

🟩 #78C5A7

袜子制板图

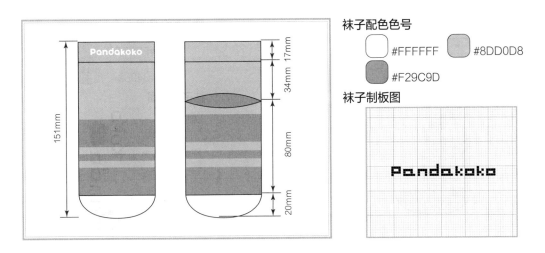

袜子配色色号

⬜ #FFFFFF　　🟦 #8DD0D8

🟥 #F29C9D

袜子制板图

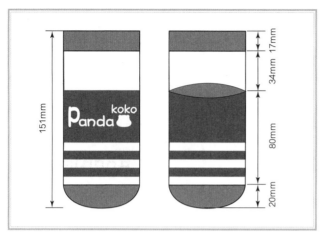

袜子配色色号

□ #FFFFFF　■ #2566B1
■ #349694

袜子制板图

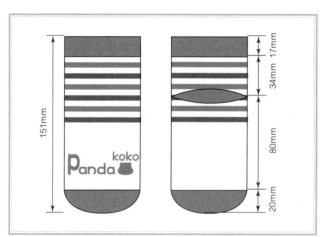

袜子配色色号

□ #FFFFFF　■ #2566B1
■ #349694

袜子制板图

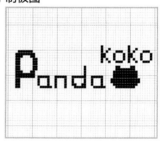

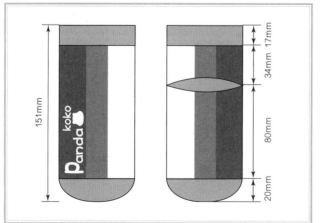

袜子配色色号

□ #FFFFFF　■ #B7B7B7
■ #349694　■ #2566B1

袜子制板图

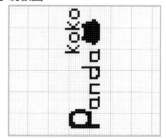

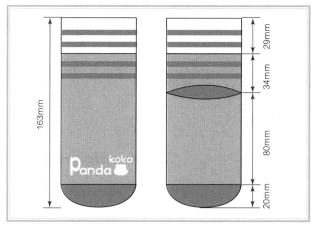

袜子配色色号

#FFFFFF		#3C8DCC	
#F5C634			

袜子制板图

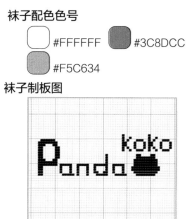

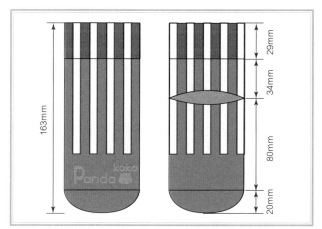

袜子配色色号

#FFFFFF		#3C8DCC	
#F5AC2F		#E76634	

袜子制板图

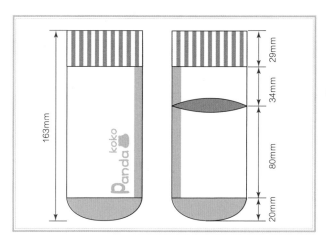

袜子配色色号

#FFFFFF		#3C8DCC	
#F4B2BF			

袜子制板图

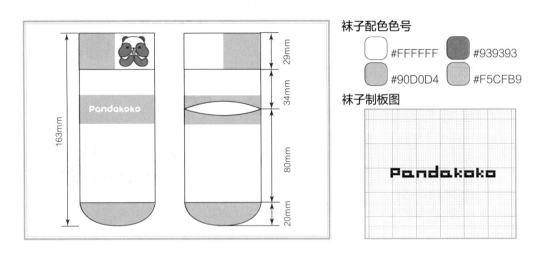

袜子配色色号

#FFFFFF		#939393	
#90D0D4		#F5CFB9	

袜子制板图

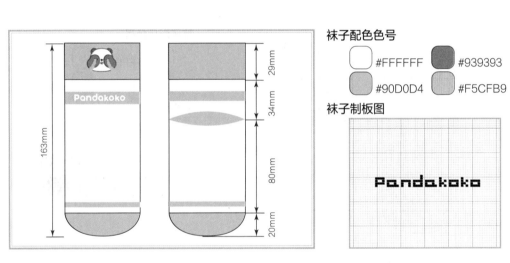

袜子配色色号

#FFFFFF		#939393	
#90D0D4		#F5CFB9	

袜子制板图

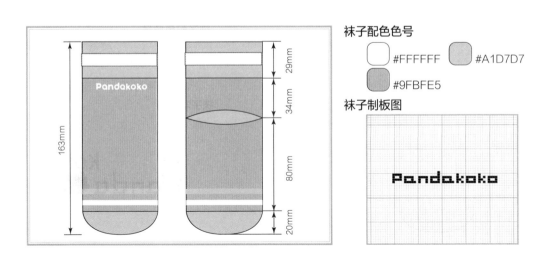

袜子配色色号

#FFFFFF		#A1D7D7	
#9FBFE5			

袜子制板图

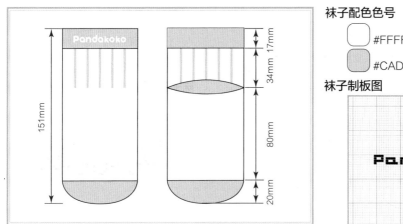

袜子配色色号

#FFFFFF

#CAD4EC

袜子制板图

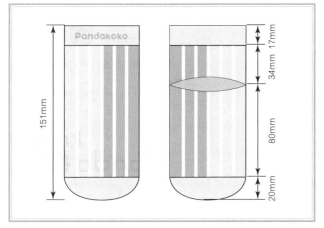

袜子配色色号

#FFFFFF #D8EDEA

#ABBEE2

袜子制板图

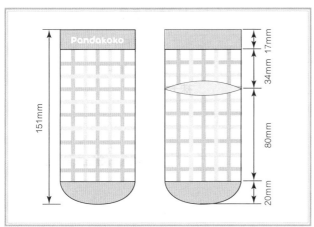

袜子配色色号

#FFFFFF #D8EDEA

#CAD4EC

袜子制板图

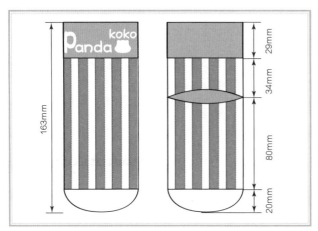

袜子配色色号

□ #FFFFFF ■ #BCBCBC

■ #50B233

袜子制板图

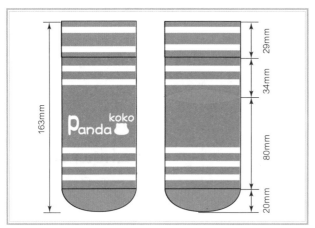

袜子配色色号

□ #FFFFFF ■ #50B233

■ #23AE9F

袜子制板图

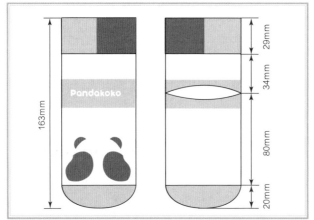

袜子配色色号

□ #FFFFFF ■ #F7DE75

■ #E4694D

袜子制板图

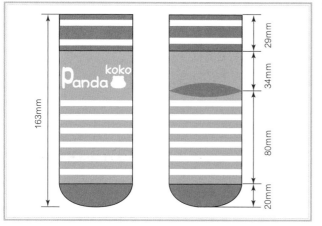

袜子配色色号

⬜	#FFFFFF	🟦	#3C8DCC
🟪	#F4B2BF		

袜子制板图

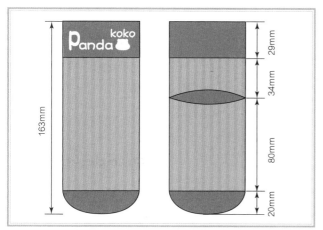

袜子配色色号

⬜	#FFFFFF	🟦	#3C8DCC
🟪	#F4B2BF	🟩	#9AC4E9

袜子制板图

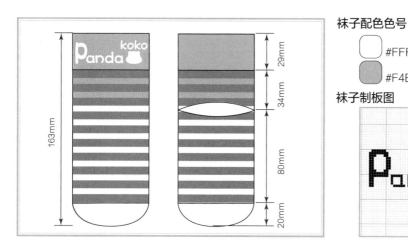

袜子配色色号

⬜	#FFFFFF	🟦	#3C8DCC
🟪	#F4B2BF		

袜子制板图

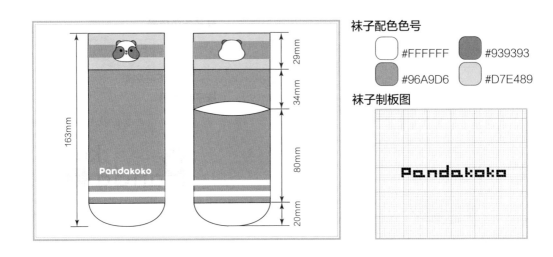

袜子配色色号

	#FFFFFF		#939393
	#96A9D6		#D7E489

袜子制板图

Pandakoko

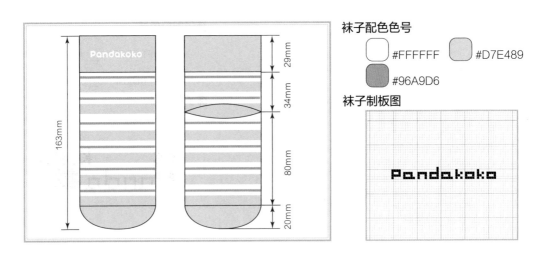

袜子配色色号

	#FFFFFF		#D7E489
	#96A9D6		

袜子制板图

Pandakoko

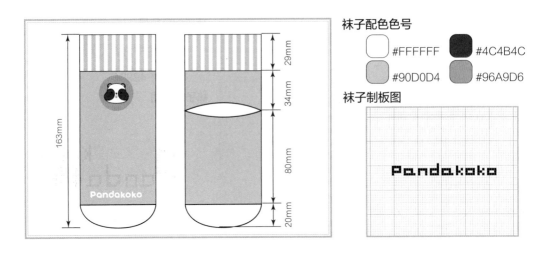

袜子配色色号

	#FFFFFF		#4C4B4C
	#90D0D4		#96A9D6

袜子制板图

Pandakoko

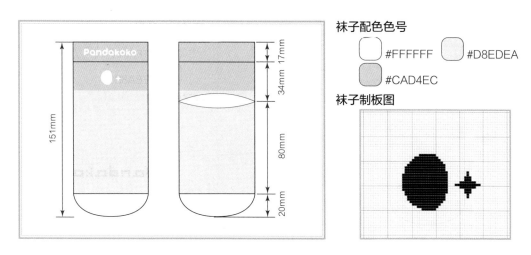

袜子配色色号

⬜ #FFFFFF ⬜ #D8EDEA

⬜ #CAD4EC

袜子制板图

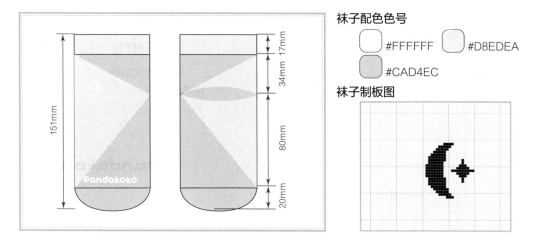

袜子配色色号

⬜ #FFFFFF ⬜ #D8EDEA

⬜ #CAD4EC

袜子制板图

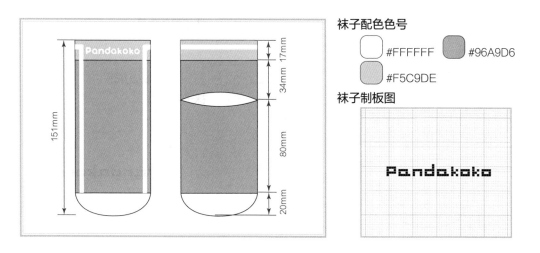

袜子配色色号

⬜ #FFFFFF ⬛ #96A9D6

⬜ #F5C9DE

袜子制板图

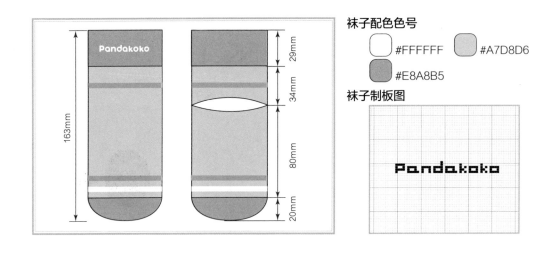

袜子配色色号

#FFFFFF	#A7D8D6
#E8A8B5	

袜子制板图

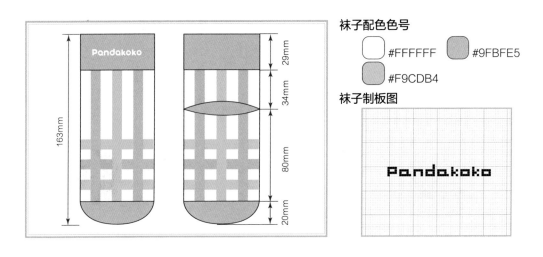

袜子配色色号

#FFFFFF	#9FBFE5
#F9CDB4	

袜子制板图

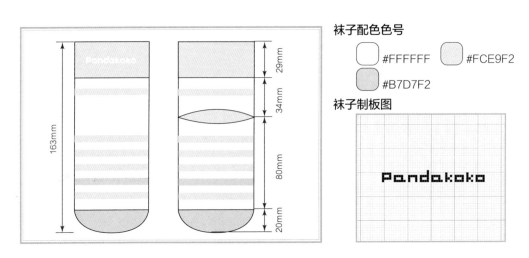

袜子配色色号

#FFFFFF	#FCE9F2
#B7D7F2	

袜子制板图

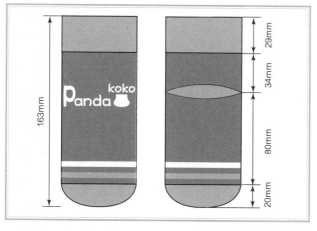

袜子配色色号

□ #FFFFFF   ■ #3C8DCC

□ #F4B2BF

袜子制板图

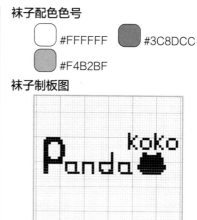

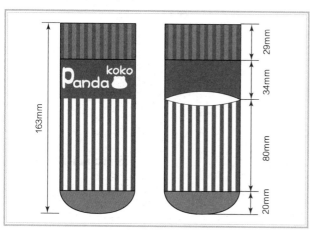

袜子配色色号

□ #FFFFFF   ■ #2566B1

■ #349694

袜子制板图

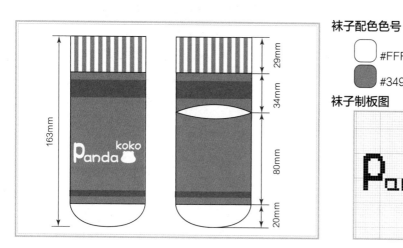

袜子配色色号

□ #FFFFFF   ■ #2566B1

■ #349694

袜子制板图

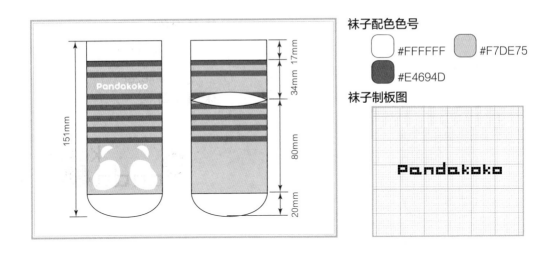

袜子配色色号

⬜ #FFFFFF		🟨 #F7DE75	
🟪 #E4694D			

袜子制板图

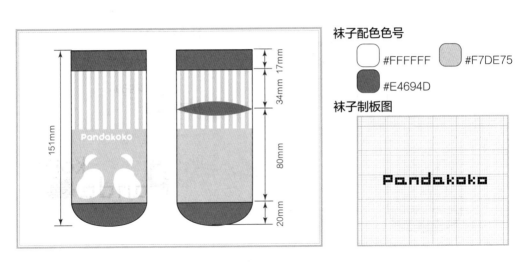

袜子配色色号

⬜ #FFFFFF		🟨 #F7DE75	
🟪 #E4694D			

袜子制板图

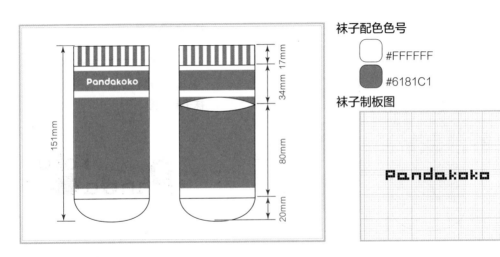

袜子配色色号

⬜ #FFFFFF	
🟦 #6181C1	

袜子制板图

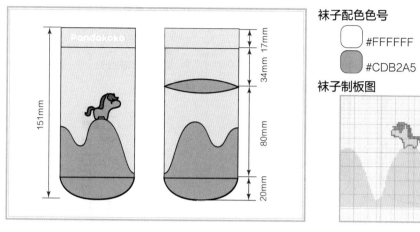

袜子配色色号

	#FFFFFF		#FAE7E3
	#CDB2A5		#9A7464

袜子制板图

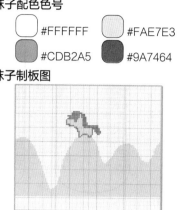

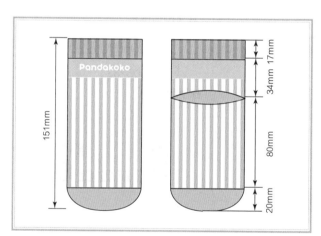

袜子配色色号

	#FFFFFF		#A1D7D7
	#F9CDB4		#F4AB87

袜子制板图

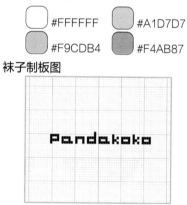

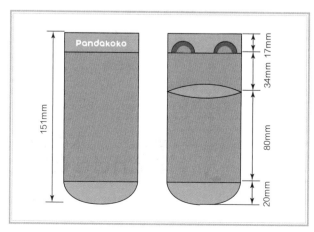

袜子配色色号

	#FFFFFF		#767777
	#96A9D6		#75C39D

袜子制板图

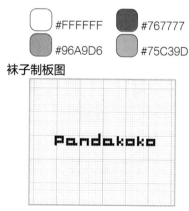

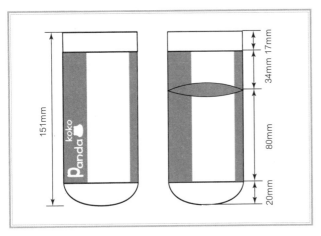

袜子配色色号

#FFFFFF

#50B233

袜子制板图

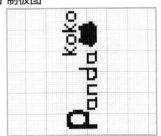

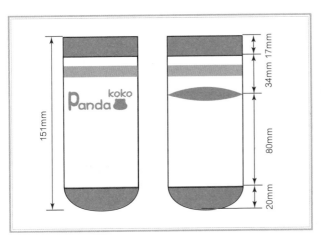

袜子配色色号

#FFFFFF   #BCBCBC

#50B233

袜子制板图

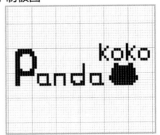

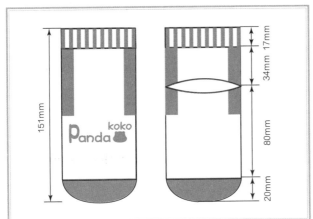

袜子配色色号

#FFFFFF

#23AE9F

袜子制板图

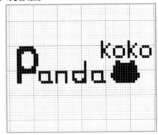